农村供水危险化学品安全管理手册

湖北省农村饮水安全工程建设管理办公室 编

中国水利水电出版社
www.waterpub.com.cn
·北京·

内 容 提 要

本手册为农村供水行业危险化学品安全管理类书籍。手册共分9章，主要包括：农村供水危险化学品相关知识、各级人员安全职责、危险化学品购买及运输、危险化学品存储、危险化学品使用、危险化学品废弃处理、应急救援及自救互救知识、隐患排查、安全管理要点等。内容系统全面、图文并茂、语言简练、通俗易懂，具有较好的实用性和可操作性。

本手册可供农村自来水厂及水质检测机构生产、管理、培训使用，也可作为农村供水行业主管部门安全生产监督管理工作的参考用书。

图书在版编目（CIP）数据

农村供水危险化学品安全管理手册 / 湖北省农村饮水安全工程建设管理办公室编. -- 北京 : 中国水利水电出版社, 2019.12
ISBN 978-7-5170-2250-3

Ⅰ. ①农… Ⅱ. ①湖… Ⅲ. ①农村给水－化工产品－危险物品管理－安全管理－手册 Ⅳ. ①S277.7-62 ②TQ086.5-62

中国版本图书馆CIP数据核字(2019)第294899号

书　　名	**农村供水危险化学品安全管理手册** NONGCUN GONGSHUI WEIXIAN HUAXUEPIN ANQUAN GUANLI SHOUCE
作　　者	湖北省农村饮水安全工程建设管理办公室　编
出版发行	中国水利水电出版社 （北京市海淀区玉渊潭南路1号D座　100038） 网址：www.waterpub.com.cn E-mail：sales@waterpub.com.cn 电话：（010）68367658（营销中心）
经　　售	北京科水图书销售中心（零售） 电话：（010）88383994、63202643、68545874 全国各地新华书店和相关出版物销售网点
排　　版	中国水利水电出版社微机排版中心
印　　刷	天津嘉恒印务有限公司
规　　格	170mm×230mm　16开本　9.25印张　115千字
版　　次	2019年12月第1版　2019年12月第1次印刷
印　　数	0001—4000册
定　　价	**58.00**元

《农村供水危险化学品安全管理手册》

编　委　会

FOREWORD

前言

农村水厂及水质检测机构在生产运行中需使用多种化学药剂，其中包含液氯、盐酸等危险化学品。危险化学品在存储、使用、运输过程中如管理操作稍有不慎，可能因受热、遇湿、遇水、摩擦、撞击、振动等导致失控造成生产安全事故，给人民群众生命财产带来损失。

安全生产工作事关人民生命财产安全，事关水利改革发展大计。为系统归纳农村供水危险化学品安全管理措施和要求，满足农村供水单位学习、生产、管理、宣传、教育的现实需要，切实提高农村供水行业危险化学品监督及管理水平，湖北省农村饮水安全工程建设管理办公室组织编写了《农村供水危险化学品安全管理手册》（以下简称《手册》）。

《手册》从农村供水危险化学品安全管理实际需求出发，注重真实工作场景中的应用，系统介绍了农村供水行业所涉危险化学品从购买、存储、使用、运输到废弃处理、应急救援及自救互救知识的全流程注意事项，既可作为一线生产人员的工具书，也可作为主管部门监管工作的参考依据，具体较高的实用价值。

《手册》编写过程中，得到了湖北省水利厅监督处、宣传中心、武汉博晟安全技术股份有限公司的大力支持，在此表示感谢。由于编者水平有限，书中难免会有疏漏与不当之处，恳请广大读者批评指正。

编者

2019 年 11 月

目录

Contents

ntents

1

农村供水危险化学品相关知识

1.1 危险化学品定义

危险化学品是指具有毒害、腐蚀、爆炸、燃烧、助燃等性质，对人体、设施、环境具有危害的剧毒化学品和其他化学品。包括爆炸品、气体、易燃液体、易燃固体、易于自燃的物质和遇水放出易燃气体的物质、氧化性物质和有机过氧化物、毒性物质和感染性物质、放射性物品、腐蚀品等。

安全小贴士

危险化学品实行目录管理，通常认为《危险化学品目录》（2015 版）中收录的化学品即为危险化学品。

1.2 危险化学品管理的意义

由于危险化学品具有易燃、易爆、有毒、有害或有腐蚀性等危险特性，因此在它的生产到储存、经营、使用和运输等过程中，如果控制不当，极易发生事故，如火灾或爆炸、人员中毒或伤亡、污染生态环境等。必须切实加强危险化学品安全管理，避免可能带来的对生命、财产、健康及环境的伤害和损失。

危险化学品安全管理

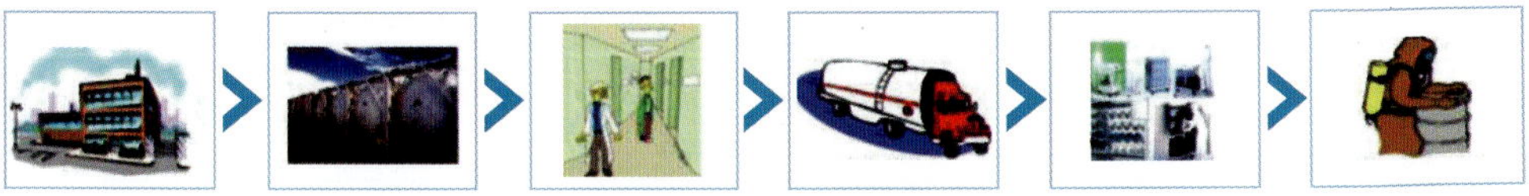

生产　储存　经营　运输　使用　废弃处置

1.3 农村供水单位涉及的危险化学品

1.3.1 农村水厂涉及使用的危险化学品

水厂制水过程本身就是一个较为复杂的化学过程，需要长期使用化学药剂，尤其是消毒环节。各地现行普遍采用氯消毒，无论采用的是成品药物还是原料药物，主料都是不同化合价的氯化物，甚至是危险性更高的盐酸或液氯，而且用量相对较大。

农村水厂消毒环节涉及使用的危险化学品

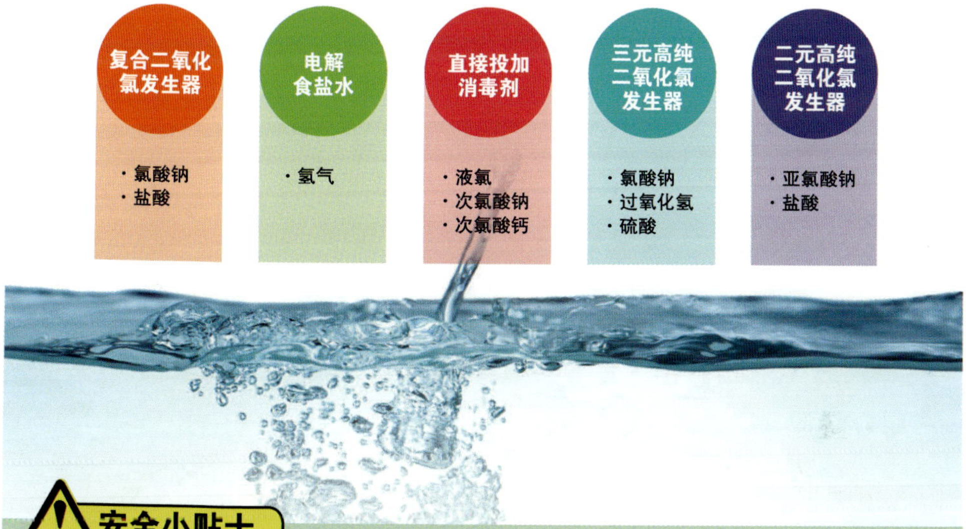

安全小贴士

农村水厂常用的絮凝剂，如聚合氯化铝等铝盐，属于化学品，但不属于危险化学品。除此之外，部分地区会根据当地水质情况添加氢氧化钠来调节水的 pH 值，加入高锰酸钾对多余的 Mn^{2+} 进行氧化沉淀。在这里氢氧化钠、高锰酸钾均属于危险化学品。

1.3.2 水质检测中心涉及使用的危险化学品

水质检测中心一般配有化学药剂和试剂，涵盖多种危险化学品。

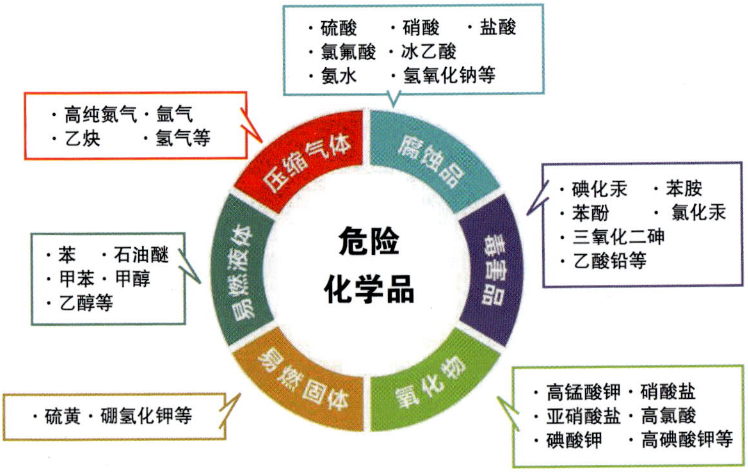

1.4 农村供水常见危险化学品危害特性

健康危害

吸入氯气，轻度中毒可引起流泪、咳嗽、咳少量痰、胸闷等现象；中度中毒可发生支气管肺炎或间质性肺水肿；重度中毒可发生肺水肿、昏迷和休克，并可出现气胸、纵隔气肿等并发症。长期低浓度接触，可引起慢性支气管炎、支气管哮喘以及职业性痤疮及牙齿酸蚀症。皮肤接触液氯或高浓度氯，在暴露部位可引起灼伤或急性皮炎。

危险特性

液氯不会燃烧，但可助燃。一般可燃物大多能在氯气中燃烧，一般易燃气体或蒸气也都能与氯气形成爆炸性混合物。氯气能与许多化学品如乙炔、松节油、乙醚、氨、燃料气、烃类、氢气、金属粉末等猛烈反应发生爆炸或生成爆炸性物质。液氯对多数金属和非金属有腐蚀作用。

盐酸 HCl

健康危害

接触盐酸蒸气或烟雾，可引起急性中毒，出现结膜炎，鼻及口腔黏膜有烧灼感、鼻衄、齿龈出血、气管炎等症状。误服可引起消化道灼伤、溃疡形成，或胃穿孔、腹膜炎等。眼和皮肤接触可致灼伤。长期接触，还会引起慢性鼻炎、慢性支气管炎、牙齿酸蚀症及皮肤损害等慢性疾病。

危险特性

盐酸能与一些活性金属粉末发生反应，放出氢气；遇氰化物能产生剧毒的氰化氢气体；与碱发生中和反应，并放出大量的热。盐酸具有强腐蚀性，与氧化剂（例如漂白剂次氯酸钠或高锰酸钾等）混合时，会产生有毒气体氯气。遇火产生刺激性、毒性或腐蚀性气体。

硫酸 H_2SO_4

健康危害

硫酸对皮肤、黏膜等组织有强烈的刺激和腐蚀作用。皮肤灼伤轻者会出现红斑、重者可形成溃疡；对眼睛可引起结膜炎、水肿、角膜浑浊，以致失明；对呼吸道轻者可引起刺激症状，重者会发生呼吸困难和肺水肿；高浓度会引起喉痉挛或声门水肿而死亡。口服后会引起消化道烧伤以致溃疡形成。严重者可能有胃穿孔、腹膜炎、喉痉挛和声门水肿、肾损害、休克等症状。同时还可引起牙齿酸蚀症、慢性支气管炎、肺气肿和肺硬化等慢性疾病。

危险特性

硫酸与易燃物（如苯）和有机物（如糖、纤维素等）接触会发生剧烈反应，甚至引起燃烧；遇水大量放热，可发生沸溅；遇电石、高氯酸盐、雷酸盐、硝酸盐、苦味酸盐、金属粉末等会猛烈反应，发生爆炸或燃烧。硫酸具有强腐蚀性，能腐蚀绝大多数金属和塑料、橡胶及涂料。

健康危害

亚氯酸钠对皮肤和器官有强烈的刺激作用，吸入其粉尘或烟雾可引起呼吸道不适，皮肤接触可产生严重毒害作用，对眼可造成严重刺激。

危险特性

纯的亚氯酸钠比较稳定，与易燃物、有机物、还原剂或铵的化合物、氰化物、金属粉末混合后有引起燃烧或爆炸的危险；与酸接触，会散发出有极强刺激性气味和腐蚀性的气体；与有机物接触会引起燃烧；与硫黄混合会引起爆炸。

健康危害

氯酸钠粉尘对呼吸道、眼及皮肤有刺激性。口服后会急性中毒，表现为高铁血红蛋白血症、胃肠炎、肝肾损伤等，严重者甚至会发生窒息。

危险特性

氯酸钠是强氧化剂。受强热、急剧加热或与强酸接触时即发生爆炸。与还原剂，有机物，易燃物如硫、磷或金属粉末等混合可形成爆炸性混合物。

健康危害

次氯酸钠放出的游离氯可引起中毒，亦可引起皮肤病；有致敏作用，用次氯酸钠漂白液洗手的作业人员，手掌会大量出汗，指甲变薄，毛发脱落。

危险特性

次氯酸钠与有机物、日光接触会生出有毒的氯气。对大多数金属有轻微的腐蚀作用。与酸接触时散出具有强刺激性气味和腐蚀性的气体；受高热会分解产生有毒的腐蚀性烟气。

健康危害

氢气在生理学上是惰性气体，仅在高浓度时，由于空气中氧分压降低才引起窒息。在很高的分压下，氢气可呈现出麻醉作用。

危险特性

氢气与空气混合能形成爆炸性混合物，遇热或明火即会发生爆炸。氢气比空气轻，在室内使用和储存时，漏气上升滞留屋顶不易排出，遇火星会引起爆炸。氢气与氟、氯、溴等卤素会剧烈反应。

二氧化氯 ClO_2

健康危害

二氧化氯具有微弱刺激性，吸入本品（尤其是长期接触）可能引起呼吸道刺激，偶尔出现呼吸窘迫，甚至可致命。在湿润的黏膜上生成亚硫酸、硫酸和硫酸盐等腐蚀物，能引起呼吸道刺激，伴有咳嗽、呼吸道阻塞和黏膜损伤。皮肤直接接触会造成严重的皮肤灼伤。通过割伤、擦伤或病变处进入血液，可能产生全身损伤的有害作用。眼睛直接接触二氧化氯能造成严重化学灼伤，如果未得到及时、适当的治疗，可能造成永久性失明。

危险特性

二氧化氯具有强氧化性，能与许多化学物质发生爆炸性反应。对热、震动、撞击和摩擦相当敏感，极易分解发生爆炸。

漂白粉 $Ca(ClO)_2$

健康危害

漂白粉粉尘对眼结膜及呼吸道有刺激性，可引起牙齿损害。皮肤接触可引起中至重度皮肤损害。

危险特性

漂白粉本身不燃烧，但会增强火势。与木材、纸张、油类或金属粉末等可燃物质接触，能引起自燃或剧烈分解；遇水或潮湿空气会引起燃烧爆炸；与碱性物质混合能引起爆炸；接触有机物有引起燃烧的危险。受热、遇酸或日光照射会分解释放出剧毒氯气。

健康危害

吸入过氧化氢蒸气或雾会对呼吸道造成强烈刺激。眼直接接触过氧化氢液体可致不可逆的损伤甚至失明。口服会中毒出现腹痛、胸口痛、呼吸困难、呕吐、一时性运动和感觉障碍、体温升高等症状。个别病例会出现视力障碍、癫痫样痉挛、轻瘫等症状。长期接触过氧化氢可致接触性皮炎。

危险特性

过氧化氢本身不燃烧，但能与可燃物反应放出大量热量和氧气，从而引起着火爆炸。它与许多有机物如糖、淀粉、醇类、石油产品等能形成爆炸性混合物，在撞击、受热或电火花作用下能发生爆炸。过氧化氢与许多无机化合物或杂质接触后会迅速分解而导致爆炸。浓度超过 74%的过氧化氢，在具有适当的点火源或温度的密闭容器中，能产生气相爆炸。

化学品

2

各级人员安全职责

2.1 水厂厂长安全职责

（1）贯彻执行农村饮用水安全管理法律、法规及其有关规程、规范和规定，对水厂安全生产工作全面负责。

（2）组织建立、健全水厂安全生产责任制。

（3）组织制定水厂安全生产规章制度和操作规程。

（4）组织制订并实施水厂安全生产教育和培训计划。

（5）督促、检查水厂安全生产工作，及时消除生产安全事故隐患。

（6）合理配置资源，保证安全生产投入的有效实施。

（7）组织制定并实施水厂生产安全事故应急救援预案。

（8）及时、如实报告生产安全事故。

2.2 水厂分管安全副厂长安全职责

（1）协助厂长做好安全生产工作，对水厂安全生产工作负分管领导责任。

（2）定期组织分析安全生产情况，制定安全生产工作措施。

（3）组织拟定和审查水厂安全生产规章制度、隐患整改计划和方案，并督促实施。

（4）组织检查各职能部门安全职责履行和各项安全生产规章制度执行情况，及时协调解决存在的重大安全隐患问题。

（5）组织开展水厂内部安全生产综合检查，并督促各职能部门开展安全生产检查。

（6）组织参与或配合水厂生产安全事故的调查处理。

（7）定期组织实施水厂应急预案的演练。

（8）定期向厂长汇报安全生产工作情况。

2.3 水厂安全管理人员安全职责

（1）协助分管安全副厂长督促贯彻执行农村饮用水安全管理法律、法规及其有关规程、规范和规定及水厂安全方针政策、标准规范和规章制度。

（2）协助组织或参与拟定水厂安全生产规章制度、操作规程和生产安全事故应急救援预案。

（3）负责落实水厂重大危险源的安全管理措施。

（4）协助组织或参与水厂应急救援演练。

（5）检查水厂的安全生产状况，及时排查生产安全事故隐患，提出改进安全生产管理的建议。

（6）制止和纠正违章指挥、强令冒险作业、违反操作规程的行为。

（7）负责落实水厂安全生产整改措施。

2.4 水厂其他管理人员安全职责

（1）贯彻落实农村饮用水安全管理法律、法规及其有关规程、规范和规定。

（2）参与拟定水厂安全生产规章制度、操作规程和生产安全事故应急救援预案。

（3）落实业务范围内重大危险源的安全管理措施。

（4）落实主管业务范围内的安全生产责任。

（5）参与水厂应急救援演练。

（6）落实主管范围内的安全生产整改措施，及时报告各类事故。

2.5 水厂作业人员安全职责

（1）严格遵守水厂安全规章制度、操作规程，服从管理。

（2）掌握本职工作所需的安全生产知识和本岗位操作技能。

（3）掌握作业现场、工作岗位存在的危害因素、防范措施和事故应急措施。

（4）按规定进行交接班检查，发现事故隐患或者其他不安全因素，应当立即向现场安全生产管理人员或者水厂负责人报告。

（5）积极参加安全活动，接受安全生产教育和培训，不断提高安全生产技能，增强事故预防和应急处理能力。

（6）特种作业人员必须体检合格，且须持证上岗。

（7）正确佩戴和使用劳动防护用品。

2.6 水质检测中心主任安全职责

（1）认真贯彻执行国家有关水质检测的各项政策、法令、标准规程和制度，对水质检测中心安全生产工作全面负责。

（2）组织建立健全水质检测中心安全生产责任制。

（3）组织制定水质检测中心安全生产规章制度和操作规程。

（4）定期主持召开安全工作会议，解决安全生产中的重大问题。

（5）督促、检查水质检测中心安全生产工作，定期开展安全检查，及时消除生产安全事故隐患。

（6）合理配置资源，保证安全生产投入的有效实施。

（7）组织制定并实施水质检测中心的生产安全事故应急救援预案，定期进行应急预案的演练。

（8）及时、如实报告生产安全事故。

2.7 水质检测人员安全职责

（1）认真学习并严格遵守水质检测中心的安全生产规章制度和操作规程，服从管理。

（2）严格按照操作规程操作仪器，做好仪器的日常维护工作，仪器、药品使用严格登记并保留记录。

（3）掌握仪器、药品使用中存在的危害因素、防范措施和事故应急措施，正确佩戴和使用劳动防护用品。

（4）及时收集工作产生的废渣、废液、废弃培养基及有毒、有害物品，合理分类并按有关规定处理。

（5）严格按照要求开展各项检测工作，及时出报检测数据，对水处理剂进行试验，并指导水厂进行加药、加氯工作。

（6）认真参加教育培训，不断提高安全生产技能，增强事故预防和应急处理能力。

（7）发现事故隐患或者其他不安全因素，应当立即向现场安全生产管理人员或者相关负责人报告。

3

危险化学品购买及运输

3.1 危险化学品购买

3.1.1 易制毒化学品购买

（1）单位应向符合要求的经营单位购买易制毒化学品。根据《危险化学品安全管理条例》（国务院令 第591号）规定，易制毒化学品经营单位应向所在地县级人民政府应急管理部门提出申请、取得危险化学品经营许可证，并向市场监督部门办理登记手续。

（2）单位在购买易制毒化学品时应查看经营单位备案证明，不应在无备案证明或备案证明过期的单位采购易制毒化学品。

（3）单位购买第三类易制毒化学品应当在购买前将所需购买的品种、数量，向所在地的县级人民政府公安机关备案。

（4）单位购买的危险化学品应有化学品安全技术说明书或者化学品安全标签。

（5）单位应建立易制毒化学品的出入库登记、管理岗位责任分工以及操作人员知识培训等方面的内部管理制度。

安全小贴士

根据《易制毒化学品管理条例》（2016年修改）内容，水厂二氧化氯发生器消毒工艺中，水质检测中心所使用的硫酸、盐酸属于第三类易制毒化学品。

安全小贴士

国家对第二类、第三类易制毒化学品的生产、经营实行备案证明管理，第三类非药品类易制毒化学品经营需取得县级人民政府安全生产监督管理部门颁发的备案证明。

3.1.2 剧毒、易制爆危险化学品购买

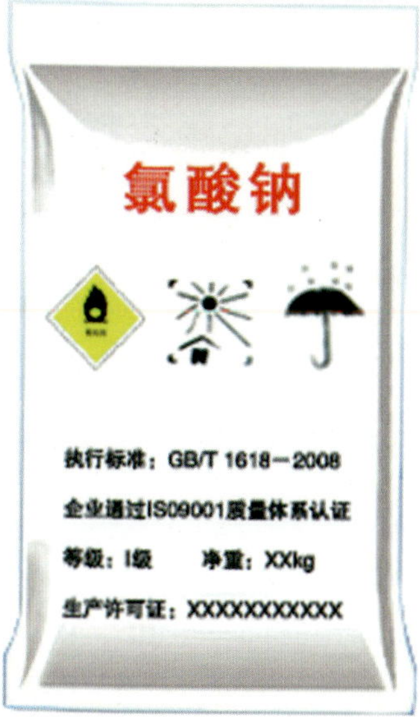

安全小贴士

（1）根据《危险化学品目录》（2015版）内容，水厂使用的液氯、水质检测中心使用的三氧化二砷、氰化钾、氯化汞、亚砷酸钠等属于剧毒危险化学品。

（2）根据《易制爆危险化学品名录》（2017版）内容，水厂使用的氯酸钠、过氧化氢溶液，水质检测中心使用到的硝酸、重铬酸钾、过氧化氢、高锰酸钾等均属于易制爆危险化学品。

（1）单位应向符合要求的经营单位购买剧毒化学品、易制爆危险化学品。根据《危险化学品安全管理条例》（国务院令 第591号）规定，剧毒化学品、易制爆危险化学品经营单位应向所在地设区的市级人民

政府安全生产监督管理部门提出申请、取得危险化学品经营许可证，并向市场监督部门办理登记手续。

（2）单位购买剧毒化学品的，应向所在地县级人民政府公安机关申请取得剧毒化学品购买许可证；购买易制爆危险化学品的，应当持本单位出具的合法用途说明。

（3）单位购买的危险化学品应有化学品安全技术说明书或者化学品安全标签。

安全小贴士

申请取得剧毒化学品购买许可证，申请人应当向所在地县级人民政府公安机关提交以下材料：

（1）营业执照或者法人证书（登记证书）的复印件。

（2）拟购买的剧毒化学品品种、数量的说明。

（3）购买剧毒化学品用途的说明。

（4）经办人的身份证明。

3.1.3 其他危险化学品购买

（1）单位应向符合要求的经营单位购买危险化学品。根据《危险化学品安全管理条例》（国务院令 第591号）规定，其他危险化学品经营单位应向所在地县级人民政府安全生产监督管理部门提出申请，取得危险化学品经营许可证，并向市场监督部门办理登记手续。

（2）购买的危险化学品应有化学品安全技术说明书或者化学品安全标签。

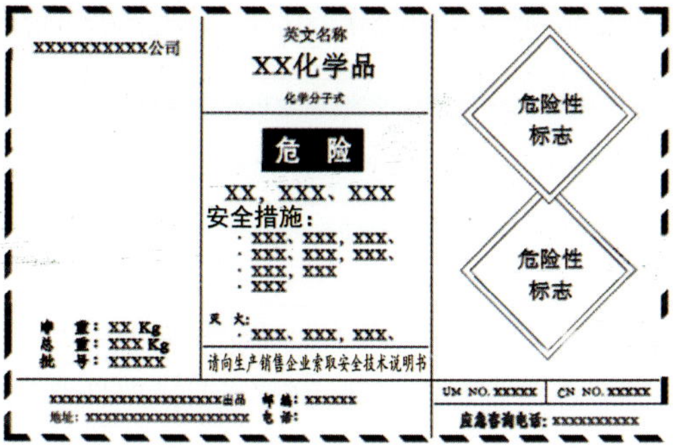

3.2 危险化学品运输

3.2.1 基本要求

（1）单位通过道路运输危险化学品的，应当委托依法取得危险货物道路运输许可的企业承运。

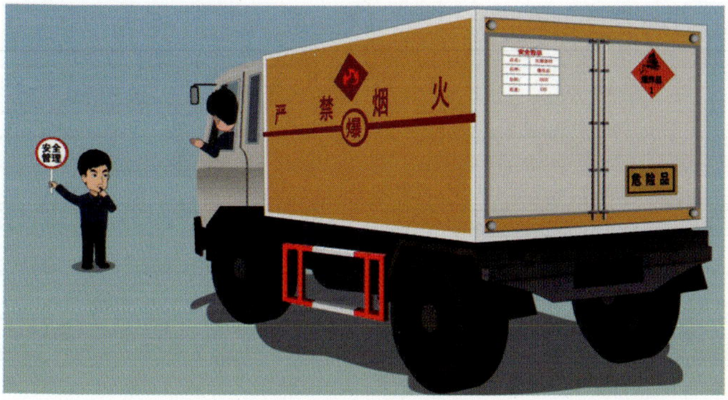

（2）承运单位应依法取得危险货物道路运输许可，并向工商行政管理部门办理登记手续。

（3）单位应当向承运人说明所托运的危险化学品的种类、数量、危险特性以及发生危险情况的应急处置措施，并按规定妥善包装，在外包装上设置相应的标志。

（4）单位和个人不得交寄危险化学品或者在邮件、快件内夹带危险化学品，不得将危险化学品匿报或者谎报为普通物品交寄。

（5）危险化学品运输企业应当配备专职安全管理人员，驾驶人员、装卸管理人员、押运人员、申报人员、集装箱装箱现场检查员应当经交通运输主管部门考核合格取得从业资格。

（6）危险化学品运输企业应根据运输的危险化学品危险特性采取相应的安全防护措施，并配备必要的防护用品和应急救援器材。

（7）危险化学品运输企业应按照运输车辆的核定载量装载危险化学品，不得超载。

（8）运输车辆应当符合国家标准要求的安全技术条件，定期进行安全技术检验，悬挂或者喷涂符合国家标准要求的警示标志。

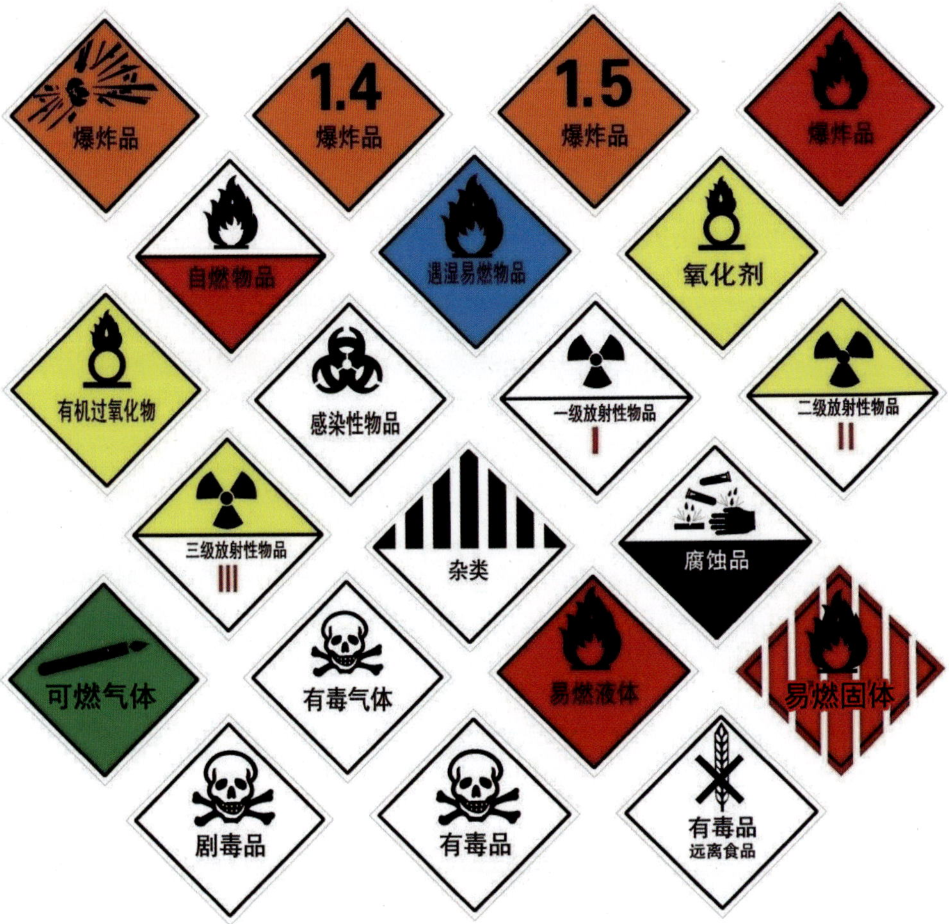

（9）用于运输危险化学品的槽罐以及其他容器应当封口严密，能够防止危险化学品在运输过程中因温度、湿度或者压力的变化发生渗漏、洒漏；槽罐以及其他容器的溢流和泄压装置应当设置准确、启闭灵活。

（10）运输危险化学品的驾驶人员、装卸管理人员、押运人员，应当了解所运输的危险化学品的危险特性及其包装物、容器的使用要求和出现危险情况时的应急处置方法。

（11）车辆在运输途中，行车要平稳，尽可能避免急刹车，不准高速行车、空挡溜车和强行超车、会车，应及时检查排除故障，不得带病行驶。

安全小贴士

农村供水单位需要购进危险化学品时，必须雇用取得危险货物道路运输许可的企业承运，不得自行运输。

3.2.2 液氯运输要求

（1）液氯气瓶装卸、搬运时，必须戴好瓶帽、防震圈等安全附件，轻装轻卸，严禁抛滑或撞击。

（2）充装量为50kg的气瓶装卸时，车辆货箱要用橡胶板衬垫，用手推车搬动时，应加以固定。

（3）充装量为100kg、500kg和1000kg的气瓶装卸时，应采取起重机械，不应使用叉车装卸。起重机械起重量应大于气瓶重瓶时总重量的一倍以上，挂钩牢固，制动可靠。

（4）车辆运输气瓶时，瓶阀一律朝向车辆行驶方向的右侧。

（5）液氯气瓶应妥善固定，充装量为 50kg 的气瓶应横向放置，堆垛高度不应超过两层；充装量为 100kg、500kg 和 1000kg 的气瓶装运，只允许单层放置，并固定牢靠防止滚动。

（6）不应用自卸车、挂车、畜力车运输液氯气瓶。

（7）运输车辆应配备必要的抢修器材、消防器材、防毒面具以及浸塑手套等安全防护用品。

（8）运输车辆应按规定悬挂危险品标志。

（9）运输车辆不得同车混装其他物品或让无关人员搭乘。

（10）运输液氯，单位应当向运输始发地或者目的地县级人民政府公安机关申请剧毒化学品道路运输经营许可证。

（11）机动车辆运输液氯气瓶时，应严格遵守当地公安交通管理部门规定的行车路线，不得在人口稠密区和有明火、高热等场所停靠。

（12）遵守有关部门关于剧毒、爆炸危险品道路运输车辆在重大节假日通行高速公路的相关规定。

（13）车辆停车时，应保证制动系统可靠性，并留人值班看管。

（14）运输液氯气瓶的车辆不得从隧道过江。

（15）在道路运输途中丢失、被盗、被抢或者出现流散、泄漏等情况的，驾驶人员、押运人员应当立即采取相应的警示措施和安全措施，并向当地公安机关报告。

3.2.3 盐酸、硫酸运输要求

（1）装卸作业前应穿戴具有防腐蚀功能的防护用品，做好个人防护。

（2）装卸作业时，应轻装、轻卸，不得肩扛、背负，忌震动、摩擦；易碎容器包装的，不得拖拉、翻滚、撞击。

（3）不得与普通货物、碱性腐蚀品配装；浓硫酸不得与其他任何物质配装。

（4）根据盐酸、硫酸性质配备相应的防护用品、消防器材和泄漏应急处理器具。

（5）运输车辆应按规定悬挂危险品标志。

（6）运输盐酸、硫酸，应按照第三类易制毒危险化学品运输要求，在运输前向运出地的县级人民政府公安机关备案。

（7）运输人员应当自启运起全程携带备案证明。

（8）运输途中应采取防晒、防雨淋、防高温措施。

（9）运输过程中发现货物洒漏时，要立即用干砂、干土覆盖吸收。

（10）运输过程中发现货物着火时，应尽可能抢出货物，以防止高温爆炸、酸液飞溅；无法抢出货物时，可用大量水降低容器温度。

（11）在道路运输途中丢失、被盗、被抢或者出现流散、泄漏等情况的，驾驶人员、押运人员应当立即采取相应的警示措施和安全措施，并向当地公安机关报告。

3.2.4 氯酸钠、次氯酸钠运输要求

（1）氯酸钠包装应坚固完好，能抗御运输、储存和装卸过程中正常的冲击、震动和挤压，并便于装卸和搬运。

（2）固体氯酸钠应采用双层包装，内包装采用双层聚乙烯塑料袋，袋内无空气、袋口紧扎。

（3）次氯酸钠溶液储存容器应坚固完好，能抗御运输、储存和装卸过程中正常的冲击、震动和挤压，并便于装卸和搬运。

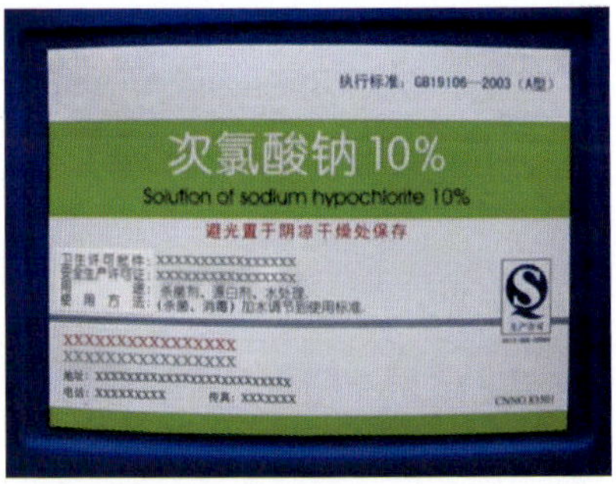

（4）运输车辆应按规定悬挂危险品标志，配备相应品种和数量的消防器材。

（5）运输过程中，发现包装破损，不得倒置。

（6）运输过程中应有遮盖物，防止曝晒和雨淋，防止猛烈撞击。

（7）严禁与酸类、易燃物、有机物、还原剂、自燃物品、遇湿易燃物品等同车混运。

（8）运输车辆装卸前后，均应彻底清扫、洗净，严禁混入有机物、易燃物等杂质。

（9）搬运时要轻装轻卸，防止包装及容器损坏，禁止震动、撞击和摩擦。

4

危险化学品存储

4.1 水厂消毒原料储存

4.1.1 液氯仓库

1. 基本要求

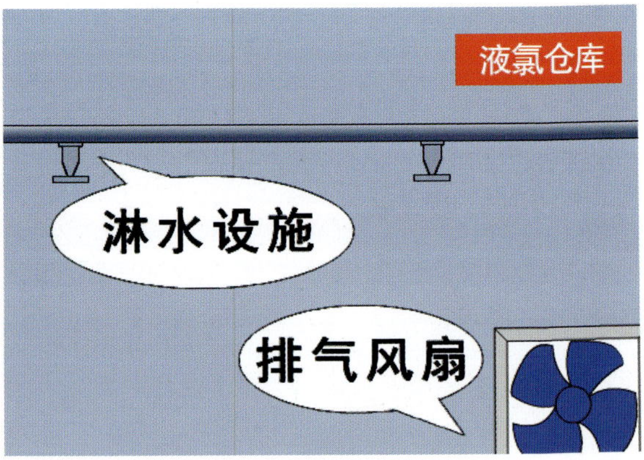

（1）液氯仓库应采用半敞开式或全封闭式厂房，半敞开式厂房应充分利用自然通风，全封闭式厂房应采用机械通风，配套吸风和事故氯气吸收处理装置。

（2）库房周边20m范围内，不应堆放易燃和可燃物品，地上液氯贮罐区地面应低于周围地面0.3～0.5m或在贮存区周边设0.3～0.5m的事故围堰。

（3）液氯气瓶不应露天存放，不应设置在楼梯、人行道口和通风系统吸气口等场所，不应使用易燃、可燃材料搭设的棚架存放，不得与其他物品混储。

> **安全小贴士**
>
> 因氯气密度比空气大，所以通风口应设置在仓库底部。

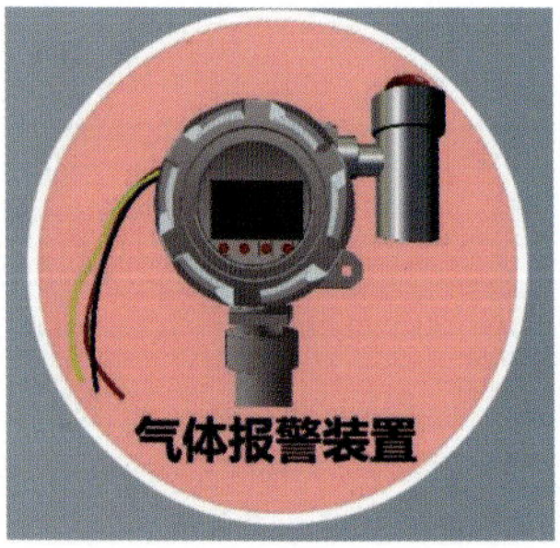

（4）库房应设置有安全标志，配备相应的抢修器材、有效防护用具及消防器材。

（5）仓库应远离火种、热源，库温不超过30℃，相对湿度不宜超过80%。

（6）仓库应设置氯气泄漏检测报警仪，空气中氯气含量最高允许浓度为1mg/m^3。

2. 液氯储存要求

（1）空瓶和充装后的重瓶应分开放置，不应与其他气瓶混放，不应同室存放其他危险物品。

（2）重瓶存放期不应超过三个月；液氯气瓶长期不用，因瓶阀腐蚀而形成“死瓶”时，应与供应厂家取得联系，并由供应厂家安全处置。

（3）充装量为 500kg 和 1000kg 的重瓶，应横向卧放，防止滚动，并留出吊运间距和通道。存放高度不应超过两层。

（4）不应使用烃类和酒精清洗氯气系统设备、阀门、管道以及加氯机等。

（5）液氯贮罐液氯充装量不应大于容器容积的 80%，压力表、液位计、温度计应带有远传报警的安全装置。

（6）贮罐输入和输出管道，应分别设置两个截止阀门，并定期检查。

3. 仓库管理要求

（1）贮罐按压力容器加强管理，并按有关压力容器安全规程中规定的周期定期检验。

（2）氯气从业人员应经专业培训、考试合格，取得合格证后，方可上岗操作。

（3）氯气管理相关负责人（含技术人员），应熟练掌握工艺过程和设备性能，并具备氯气事故处理能力。

（4）应制定氯气泄漏事故应急预案，并按规定向当地应急管理部门备案，定期组织应急人员培训、演练和适时修订。

4.1.2 盐酸、硫酸仓库

1. 盐酸储存管理

（1）盐酸应存放在阴凉、干燥、通风、避光的场所，避免阳光直射，远离热源、电源、火源，库内设温湿度计，库温不超过30℃，相对湿度不超过80%。

（2）容器材质符合要求，严禁使用金属容器储存，严禁带缺陷使用，保持容器密封。

（3）应与碱类、胺类、碱金属、易（可）燃物分开存放，切忌混储。

（4）应备有泄漏应急处理设备和合适的收容材料。

（5）仓库应设置盐酸危害告知卡及安全标志。

盐酸危害告知卡		
	健康危害	理化特性
盐 酸 Hydrochloric acid	接触其蒸气或者烟雾，可引起急性中毒，出现眼结膜炎，鼻及口腔黏膜有烧灼感，齿龈出血，气管炎等。误服可引起消化道灼伤、溃疡形成，有可能引起胃穿孔、腹膜炎等。眼和皮肤接触可致灼伤。长期接触，能引起慢性鼻炎、慢性支气管炎、牙齿酸蚀症及皮肤损害。	无色或微黄发烟透明液体，有刺鼻的酸味；与金属反应放出爆炸性气体氢气；禁配物：碱类、强氧化剂、碱金属。
当心腐蚀 	应急处理	
	皮肤接触：立即脱去被污染的衣物，用大量流动的清水冲洗，至少15分钟，就医。 眼睛接触：立即提起眼睑，用流动清水或生理盐水彻底冲洗，至少15分钟，就医。 吸入：迅速脱离现场至空气新鲜处，保持呼吸道通畅。如呼吸困难，给输氧。如呼吸停止，立即进行人工呼吸，就医。 食入：误服用者清水漱口，给饮牛奶或蛋清，就医。	
	防护措施	

急救电话：120	消防电话：119	

（6）仓库应设置消防砂土或干粉灭火器。

（7）使用货垛储存的盐酸，货垛下应有隔潮措施，货架与库房地面距离不低于15cm。

2. 硫酸储存管理

（1）硫酸应存放在阴凉、干燥、通风、避光的场所，避免阳光直射，远离热源、电源、火源，库内设温湿度计，库温不超过30℃，相对湿度不超过80%。

（2）容器材质符合要求，严禁带缺陷使用，保持容器密封；可储存在有盖的瓷质、玻璃等耐酸容器内。

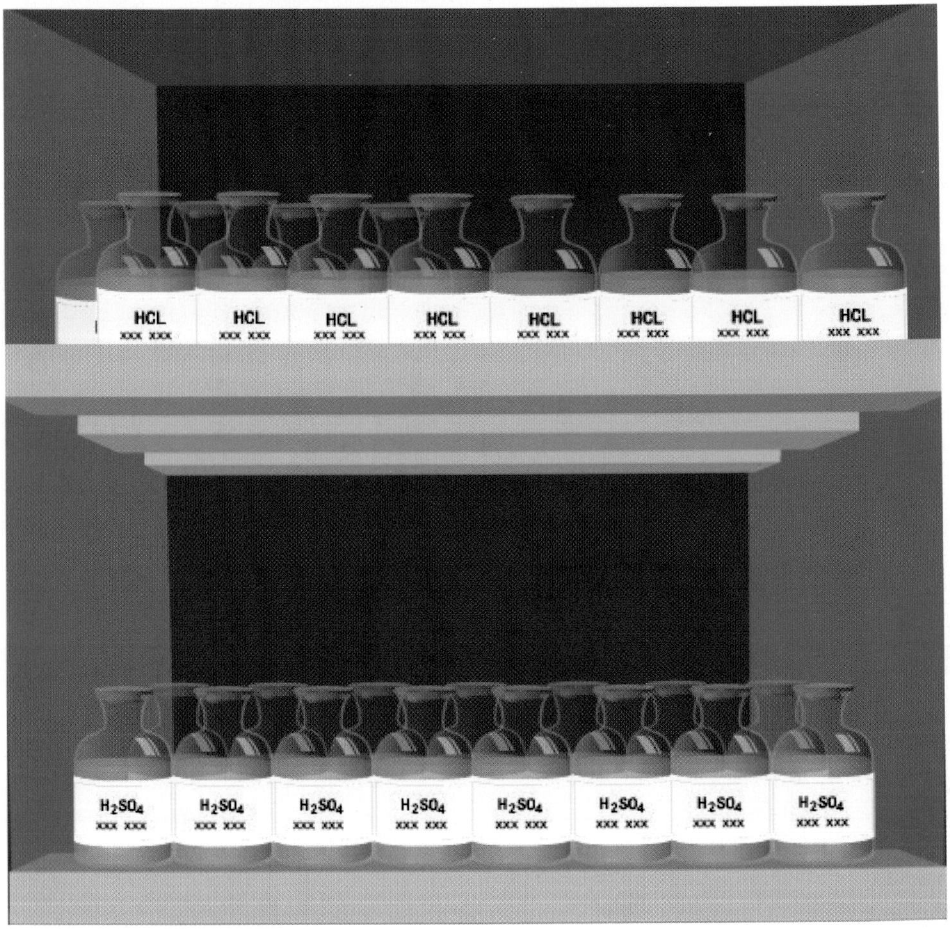

（3）储存容器应不受阳光直射，距离热源（暖气设备等）不得小于 2m。

（4）应与易（可）燃物、还原剂、碱类、碱金属、食用化学品等分开存放，切忌混储；严禁将浓硫酸与浓硝酸及有机溶剂（如甲醇、乙醇、甘油等）和矿物油类（机油、汽油等）物品混放。

（5）应备有泄漏应急处理设备和合适的收容材料。

（6）仓库应设置硫酸危害告知卡及安全标志。

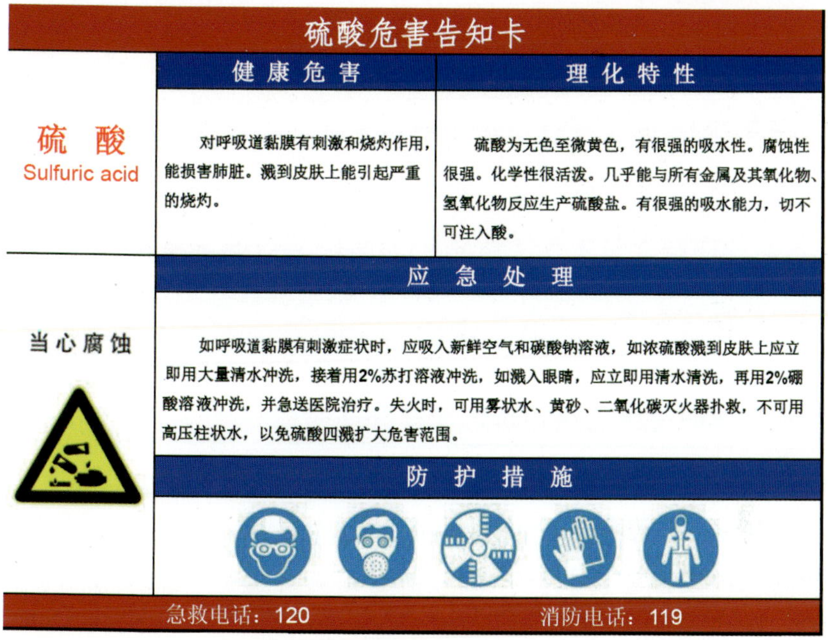
硫酸危害告知卡

硫 酸 Sulfuric acid	健 康 危 害	理 化 特 性
	对呼吸道黏膜有刺激和烧灼作用，能损害肺脏。溅到皮肤上能引起严重的烧灼。	硫酸为无色至微黄色，有很强的吸水性。腐蚀性很强。化学性很活泼。几乎能与所有金属及其氧化物、氢氧化物反应生产硫酸盐。有很强的吸水能力，切不可注入酸。
当心腐蚀	应 急 处 理	
	如呼吸道黏膜有刺激症状时，应吸入新鲜空气和碳酸钠溶液，如浓硫酸溅到皮肤上应立即用大量清水冲洗，接着用2%苏打溶液冲洗，如溅入眼睛，应立即用清水清洗，再用2%硼酸溶液冲洗，并急送医院治疗。失火时，可用雾状水、黄砂、二氧化碳灭火器扑救，不可用高压柱状水，以免硫酸四溅扩大危害范围。	
	防 护 措 施	

急救电话：120　消防电话：119

（7）仓库应设置干砂和干粉灭火器。

（8）使用货垛储存的硫酸，货垛下应有隔潮措施，货架与库房地面距离不低于 15cm。

3. 管理要求

（1）严格按照易制毒化学品管理要求执行。

（2）仓库管理实行双人双锁，出入库台账登记要清楚、全面、准确。

（3）无关人员不得进入仓库，仓管员和联络员每月盘点当月的使用数量和库存数量，若出现遗失要及时报告，查清原因。

（4）储存和使用盐酸、硫酸的相关从业人员，应经专业培训、考试合格后，方可上岗操作。

（5）管理相关负责人（含技术人员），应熟练掌握工艺过程和设备性能，并具备事故处理能力。

（6）应制定盐酸、硫酸泄漏事故应急预案，并按规定向有关部门备案，定期组织应急人员培训、演练和适时修订。

（7）储存和使用盐酸、硫酸的作业场所，都应配备应急抢修器材和防护器材，并定期维护；防护用品（防护服、防护手套、防护眼镜等）应定期检查，定期更换；防护用品放置位置应便于作业人员使用。

4.1.3 氯酸钠、次氯酸钠仓库

1. 仓库选址与设计

（1）设置阴凉、通风、避免日光直射的库房，且远离火源、热源，储存区应避免热源辐射，屋顶应防火。

（2）库房应设置危害告知卡及安全标志。

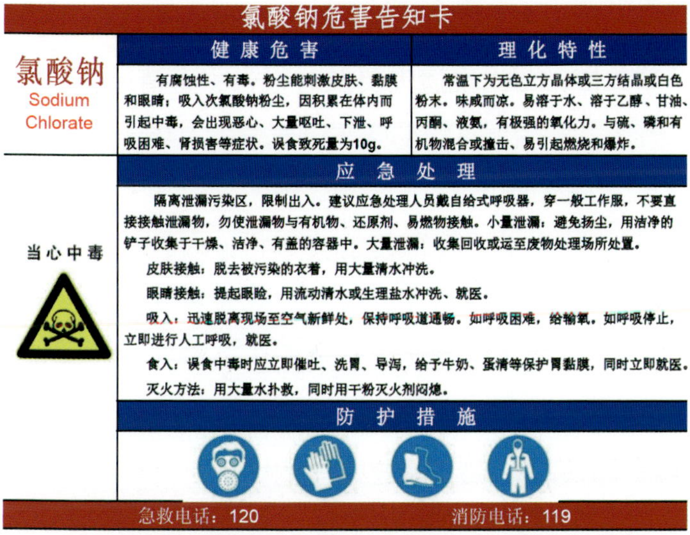

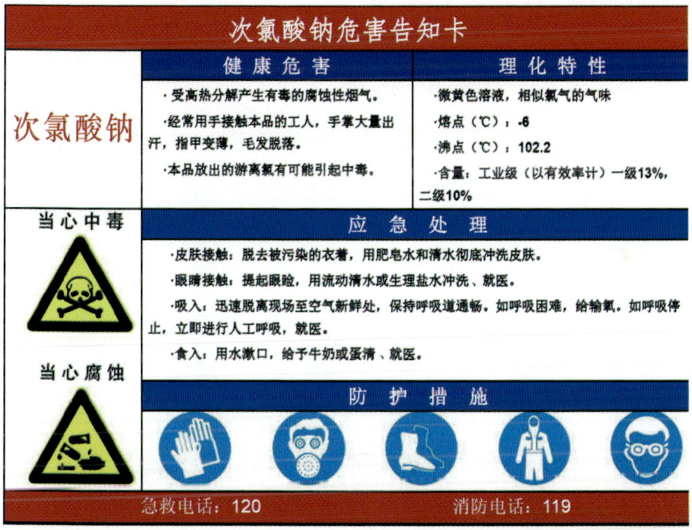

（3）仓库与厂房、办公室、宿舍等应保持安全距离，且禁止一切烟火。

（4）仓库应设置有足够的消防水系统。

2. 储存要求

（1）库房温度不超过30℃，相对湿度不超过80%。

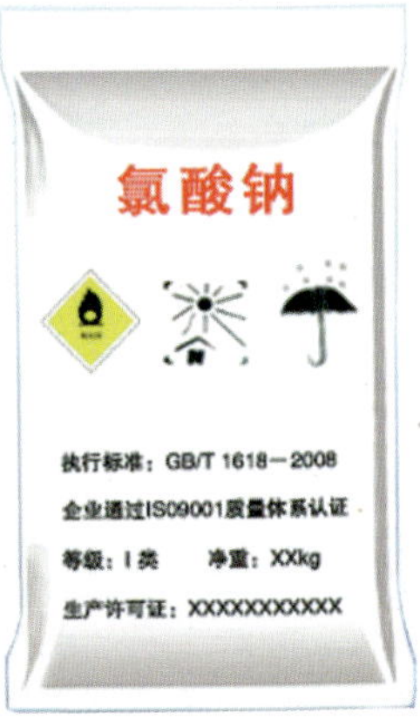

（2）工业氯酸钠应采用双层包装，外包装采用符合《铁路危险货物运输管理规则》（铁总运〔2017〕164号）、《汽车运输危险货物规则》（JT 617—2004）、《水路危险货物运输规则》（交通部令〔1996〕年第10号）规定的包装材料，内包装采用双层聚乙烯塑料袋。

（3）应与还原剂（硫化物、金属粉末、磷铵等）、强酸（混合产生氯气和二氧化氯气体）、铵盐、有机物、易（可）燃物分开存放，切忌混储。

（4）仓库应注意清洁，不得存在可燃材料，如纸屑、木头、木屑、纤维绳子、织物、油脂等。

（5）存放时，应距加热器（包括暖气片）和热力管线300mm以上。

（6）仓库应备有合适的材料收容泄漏物。

（7）储存时禁止震动、撞击和摩擦。

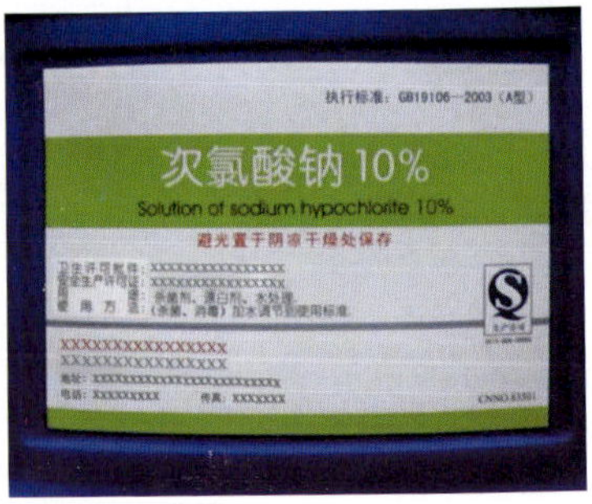

（8）储存时禁止使用易产生火花的机械设备和工具。

（9）氯酸钠、次氯酸钠包装上应有牢固清晰的标志，明确生产厂名、厂址、产品名称、生产日期、安全标签等内容。

（10）工业氯酸钠保质期为3年，逾期可重新检验，检验结果符合要求时，方可继续使用。

3. 管理要求

（1）氯酸钠、次氯酸钠使用、储存、运输相关负责人（含技术人员），应熟练掌握工艺过程和设备性能，并具备氯酸钠事故处理能力。

（2）应制定事故应急预案，并按规定向有关部门备案，定期组织应急人员培训、演练和适时修订。

（3）仓库应配备应急抢修器材和防护器材，并定期维护。

（4）防护用品应定期检查，定期更换。防护用品放置位置应便于作业人员使用。

（5）灭火方法：当发生较大火情时，消防人员应佩戴防毒面具、穿全身消防服，在上风向，应远距离用大量水灭火（禁止使用砂土、干粉灭火），用大量水冷却容器，直至火扑灭。在确保安全的前提下将容器移离火场，但切勿开动已处于火场中的车辆。周围至少隔离

800m，初始疏散距离也至少为800m。

（6）泄漏应急处置。

1）固体泄漏：隔离泄漏污染区，限制出入。建议应急处理人员戴防尘面具（全面罩），穿防毒服。小量泄漏时应避免扬尘，用洁净的铲子收集于干燥、洁净、有盖的容器中，并将容器移离泄漏区；大量泄漏时收集回收至废物处理场所处置，泄漏物回收后，用水冲洗泄漏区。

2）溶液泄漏：隔离泄漏污染区，限制出入。建议应急处理人员戴自给正压式呼吸器，穿防酸碱工作服。小量泄漏应用砂土、蛭石或其他惰性材料吸收；大量泄漏时构筑围堤或挖坑收容，用泡沫覆盖，降低蒸气灾害，用泵车转移至槽车或专用收集器内，回收或运至废物处理场所处置，泄漏物回收后，用水冲洗泄漏区。

安全小贴士

水厂消毒原料储存仓库的固定储存量应根据当地供应、运输条件，按15~30天的最大用量计算，其周转储存量应根据当地具体条件确定。

4.2 水质检测中心药剂储存

4.2.1 药剂存放要求

（1）药剂存放地点要阴凉、通风、干燥，有防火、防盗设施，周围和内部严禁有火源。

（2）药剂应采用科学的保管方法。受光易变质的（如硝酸银、硫酸亚铁等）应装在避光容器内；易挥发、溶解的（如浓硫酸、氢氧化钠等）

要密封；长期不用的应蜡封；强碱溶液试剂瓶不能用玻璃塞等。

（3）灭火方法不同的易燃易爆危险品不得在同区储存；对易碎、易泄漏的危险化学品不能多层堆放。

（4）剧毒、易制毒化学品（氰化钾、盐酸、硫酸等）须设置保险柜储存，采取双人收发、双人记账、双人双锁、双人使用和双人运输的“五双制”。

（5）易燃易爆物品应储存于铁柜中，柜的顶部有通风口；严禁在化验室存放超过 20L 的瓶装易燃液体。

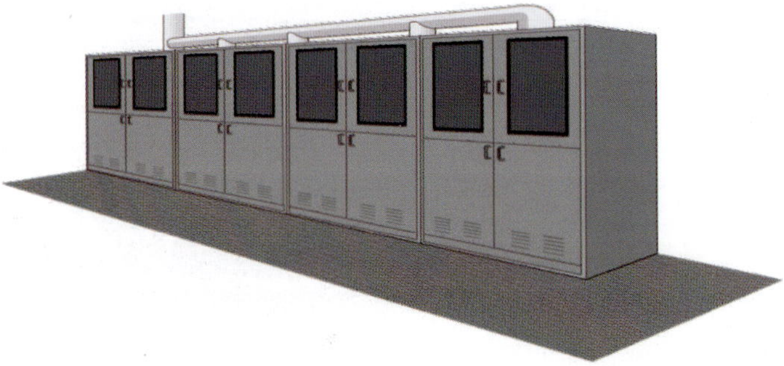

（6）相互混合或接触后可以产生剧烈反应、燃烧、爆炸、放出有毒气体的不相容药剂不能混放。

（7）压缩气体和液化气体必须与氧化剂、易燃物品、自燃物品、腐蚀性物品隔离储存。

（8）易燃液体、遇湿易燃物品、易燃固体不得与氧化剂混合储存，具有还原性的氧化剂应单独存放。

（9）腐蚀性试剂宜放在塑料或搪瓷的盘或桶中，以防因瓶子破裂造成事故。

（10）所有化学药剂（包括标样、溶液）的药剂瓶上都应贴有醒目的标签，标签上应注明药剂名称、配制时间或购置时间、保存期限、存储人、试剂体积。禁止在贴有标签容器内盛装与标签不符的物品。发现药剂瓶上的标签掉落或将要模糊时应立即贴好标签。无标签或标签无法辨认的药剂都要当成危险物品重新鉴别后小心处理，不可随便乱扔。

（11）要注意化学药剂的存放期限，一些药剂在存放过程中会逐渐变质，甚至形成危害物。醚类、四氢呋喃、二氧六环、烯烃、液态石蜡等在见光条件下若接触空气可形成过氧化物，放置越久越危险。乙醚、异丙醚、丁醚、四氢呋喃、二氧六环等若未加阻化剂（对苯二酚、苯三酚、硫酸亚铁等）存放期不得超过一年。

（12）禁止用茶具、食具盛装药剂；切勿用烧杯充当茶具使用。

4.2.2 药剂管理要求

（1）药剂采购后经验收合格一律统一放入药剂间管理，并登记入账。

（2）药剂要由有化学专业知识的、责任心强的人专管。

（3）药剂室应备有急救药剂、消防器材和劳保用品。

（4）下班前检查水、电、门、窗等，确保安全。

5

危险化学品使用

5.1 农村水厂消毒工艺

5.1.1 液氯消毒工艺安全要求

1. 液氯使用安全要求

（1）充装量为 50kg 和 100kg 的液氯气瓶，使用时应直立放置，并有防倾倒装置；充装量为 500kg 和 1000kg 的液氯气瓶，使用时应卧式放置，并牢靠定位。

（2）使用气瓶时，应有称重衡器，使用前和使用后均应登记重量。充装量为 50kg 和 100kg 的液氯气瓶，应保留有 2kg 以上的余氯；充装量为 500kg 和 1000kg 的液氯气瓶，应保留有 5kg 以上的余氯。

（3）使用液氯气瓶处应有遮阳棚，液氯气瓶不应露天曝晒。

（4）不应使用蒸汽、明火直接加热液氯气瓶，可采用 40℃以下的温水加热。

2. 加氯作业安全要求

（1）加氯作业前需检查加氯间和氯库内管路连接是否完好，漏氯报警器是否经过校验并投入运行，检查通风机是否能正常运行，检查台称下限报警值是否准确。

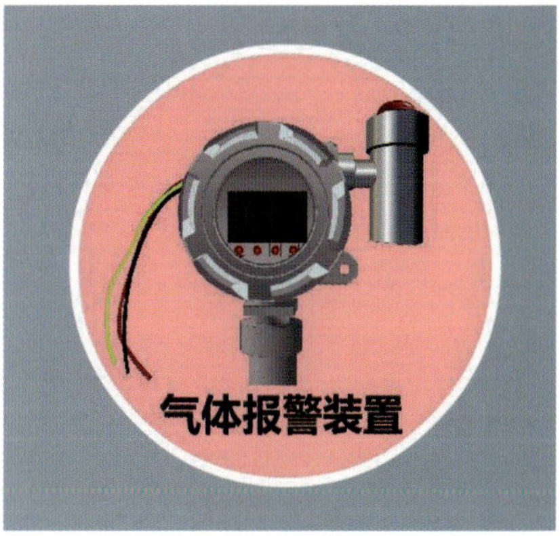

安全小贴士

空气中氯气含量应低于 1mg/m³，因此报警装置设置为 1mg/m³ 报警。

（2）开启加氯机，缓慢旋转调节阀旋钮，调节到合适的加氯量，保证出厂水余氯为 0.3mg/L。

（3）加氯机运行期间，值班人员必须每小时巡回检查一次，检查范围包括氯库、加氯间，特别要检查加氯系统的泄漏情况。

3. 液氯吸收装置安全要求

安全小贴士

液氯消毒水厂宜设置液氯吸收装置。

（1）液氯吸收装置每月应启动一次进行测试，每次至少运行 10min，以确保装置处于正常备用状态。

（2）必须保证泄氯吸收装置控制箱 24h 不间断供电。

（3）加氯间平时应常闭，特别是发生泄氯事故时，要马上关闭门窗，防止氯气外逸，并启动液氯吸收装置进行吸收处理。

（4）碱液浓度应保证维持在

20% 左右，低于 16% 时应该补充碱液；超过 22% 时，容易结晶导致堵塞；低于 10% 时应更换碱液。

（5）定期检测探头内碱液，及时进行补充。

5.1.2 二氧化氯消毒工艺安全要求

1. 原料配置安全要求

（1）操作人员必须经过专门培训，严格遵守操作规程。

（2）酸液配置应在通风良好的场所进行，应采用塑料容器盛装。

（3）作业人员配置酸液时必须佩戴头罩型过滤式呼吸器，穿耐酸碱橡胶皮靴，穿防腐材料工作服。

（4）酸碱配置作业场所周围应设置有紧急喷淋洗眼等应急装置。

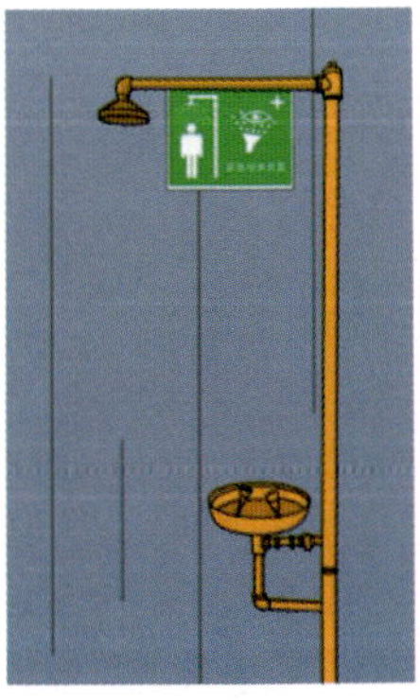

（5）亚氯酸钠或氯酸钠溶液原料的配备，应先加水后加原料以免发生爆炸事故。注水至原料桶注水位，然后加入粉剂的亚氯酸钠或氯酸钠原料，搅拌均匀至粉剂全部溶解。

2. 设备运行安全注意事项

（1）首次运行前设备内必须加入足够的清水，严禁空机运转。

（2）定期清理反应器内的沉淀物，如发现反应器液位管液位显示超过正常界限，则说明沉淀物过多，应立即冲洗，并检查原料的质量。

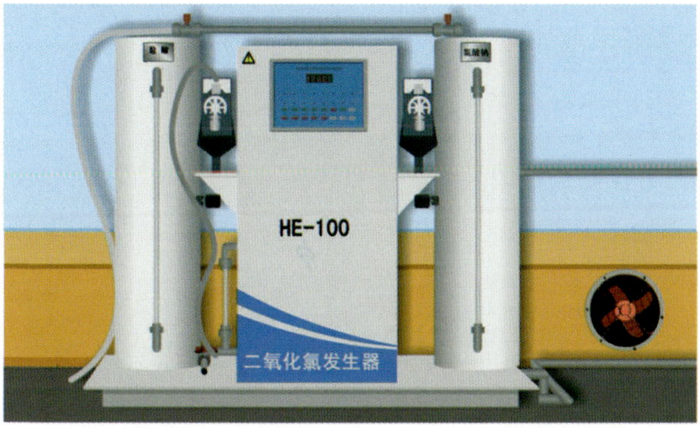

（3）检测人员应熟练掌握检测仪器的使用方法，每天至少检测1次出厂水二氧化氯余量及自由性余氯量，消毒剂余量过高或过低时，应及时查明原因。

（4）经常查看罐（桶）的液位以及计量泵的工作状况。

5.1.3 次氯酸钠消毒工艺安全要求

（1）严禁在次氯酸钠溶液工作场所进食、饮水，溶液切忌接触眼睛、皮肤，一旦接触应立即用水冲洗，并就医治疗。

安全小贴士

水厂自制次氯酸钠溶液一般采用电解低浓度盐水工艺，该工艺会产生副产物氢气。氢气为易燃气体，当浓度达到爆炸极限时，则可能遇火花发生爆炸。

（2）电解盐水生产场所电气设备（如照明设备、电器开关设备、电子仪表等）应使用防爆设备，严禁携带非防爆电子产品（如手机等）进入生产区域。

（3）生产场所应设置可燃气体浓度报警器。

（4）生产场所严禁烟火，上部设置防爆轴流风机通风。

（5）作业人员应穿戴合格的阻燃、防静电工作服和防静电鞋上岗作业。工作服宜上、下身分开，容易脱卸。严禁在爆炸危险区域穿脱衣服、帽子或类似物。

（6）氢气排放系统应严防室内泄漏，所用零部件密封应确保良好，定期检查，对设备发生氢气泄漏的部位应及时处理。使用中性肥皂水或可燃气体报警仪进行漏气检查，禁止使用明火进行漏气检查。

（7）氢气排放管延伸到屋顶上方 2m 高度，做好防水、防雨保护，并在排放管周围张贴“禁止明火”的安全警示标志。

（8）与氢气管道相连的装置、设备之间安装止回阀，界区间阀门设置有效隔离措施，防止外部火焰回火至氢气系统。

5.2 水质检测中心药品使用

5.2.1 剧毒药品使用安全要求

（1）使用剧毒药品进行实验时，必须有两人（或以上）在场，并穿着工作服。

（2）使用剧毒药品时应按规定佩戴各类防护用具，严格按照剧毒药品的特性和仪器设备的操作规程进行实验。

（3）实验完毕，应换去工作服，完成个人消毒工作后，才能离开化验室。

（4）使用剧毒药品进行实验时必须开启通风装置。

安全小贴士

最新《危险化学品目录》（2015 年版）中明确列出了剧毒化学品，未在目录中列出的不属于剧毒化学品。水质检测化验室常用的剧毒药品有氰化物溶液、三氧化二砷（砒霜）等。

（5）操作人员如果有皮肤破伤时，不得直接接触剧毒药品。严禁在实验区域吸烟、进食。

5.2.2 酸碱腐蚀性药品使用安全要求

（1）搬运和使用腐蚀性药品如强酸、强碱等，要戴橡皮手套、围裙、眼镜，并穿深筒胶鞋。

安全小贴士

化验室常见的腐蚀性药品包括：浓硫酸、稀硫酸、浓盐酸、稀盐酸、氢氧化钠溶液等。

（2）搬运酸、碱前，应仔细做下列几项检查：装运器具的强度；装酸或碱的容器是否封严；容器的位置固定是否稳固。

（3）实验移注酸碱液时，要用虹吸管，不要用漏斗，以防酸、碱溶液溅出。

（4）酸碱溶液禁止用嘴直接吸取，如无吸气器可用量筒量取。

（5）如酸液滴到皮肤上时，应立即用大量水冲洗，并用 2% 的碳酸氢钠溶液冲洗，严重时需要就医。

（6）如果滴在皮肤上的酸是浓硫酸，需先用干抹布轻轻擦去，再进行冲洗。

（7）如果酸液滴在眼睛里，必须立即提起眼睑，用大量流动清水或生理盐水冲洗，并不时转动眼球，及时就医。

安全小贴士

酸液滴到皮肤上时，绝不能用碱去中和，避免放热烧伤。

安全小贴士

水质检测中心常见使用的易燃易爆气体包括氢气和乙炔气体等。

5.2.3 易燃易爆气体使用安全要求

1. 氢气使用安全要求

（1）氢气使用区域应通风良好。采用机械通风的化验室，进风口应设在建筑物下方，排风口设在上方。

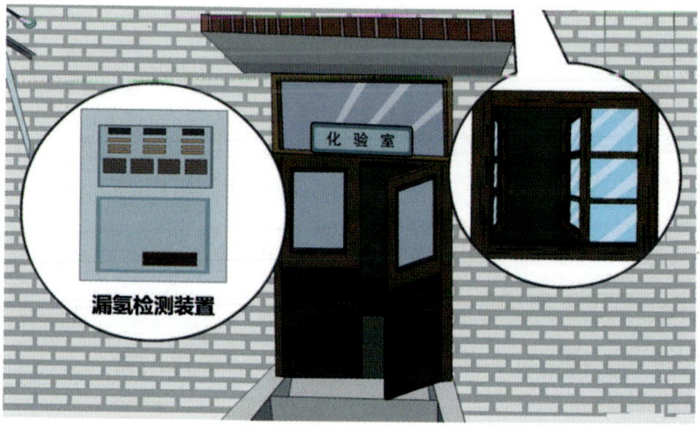

（2）氢气有可能积聚处或氢气浓度可能增加处宜设置固定式可燃气体检测报警仪，可燃气体检测报警仪应设

在监测点上方或化验室顶端。

（3）严禁将氢气系统内的氢气排放在建筑物内部。

（4）氢气使用作业场所应使用不产生火花的工具。

（5）氢气使用作业场所严禁吸烟及使用明火。

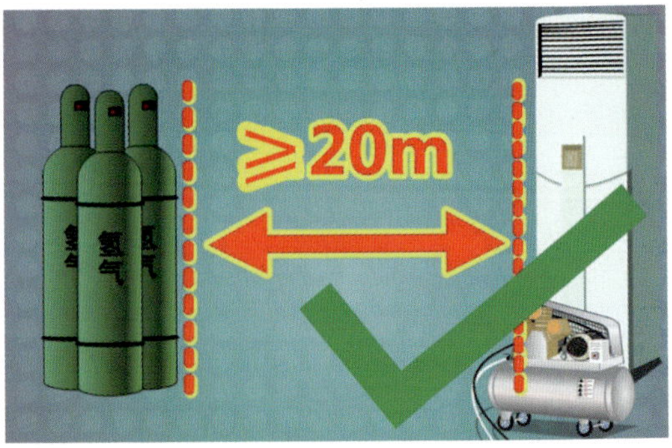

（6）氢气瓶与非防爆空调装置等电气设备距离20m存放。

（7）使用氢气瓶时，禁止敲击、碰撞；不得靠近热源；夏季应防止曝晒。

2. 乙炔使用安全要求

（1）乙炔瓶应装设专用的回火防止器、减压器，对于工作地点不固定、移动较多的，应装在专用小车上。

（2）严禁敲击、碰撞和施加强烈的震动，以免瓶内多孔性填料下沉而形成空洞，影响乙炔的储存。

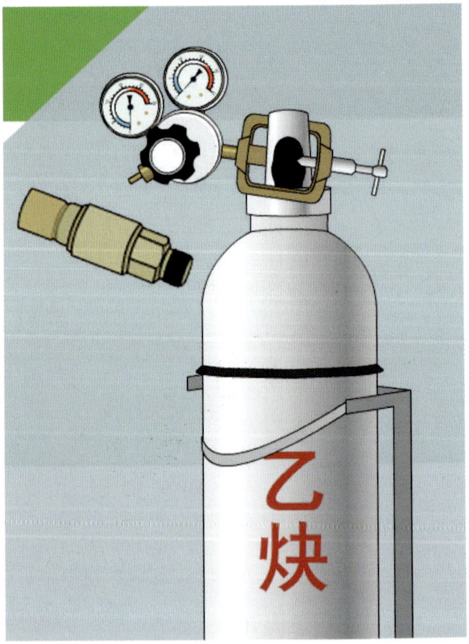

（3）乙炔瓶应直立放置，严禁卧放使用。

（4）乙炔瓶体温度不应超过 40℃，夏天要防止曝晒。

（5）乙炔瓶不得靠近热源和电气设备，与明火的距离一般不小于 10m。

（6）严禁放置在通风不良的场所使用。

（7）如发现乙炔气瓶有缺陷，操作人员不得擅自进行修理，应统一送回气体厂处理。

安全小贴士

乙炔瓶卧放使用会使瓶内的丙酮随乙炔流出，甚至会通过减压器而流入橡皮管，这是非常危险的。

安全小贴士

乙炔瓶瓶内温度过高会降低丙酮对乙炔的溶解度，而使瓶内乙炔的压力急剧增加。

6

危险化学品废弃处理

6.1 水质检测中心危险化学品废弃处理

（1）执行废弃化学品的分类人员应熟悉水质检测中心废弃化学品的物理、化学、毒害等特性，并穿戴合适的个体防护装备。

（2）所有废弃物的处理和处置，均应保存处理和处置记录。

（3）废弃化学品成分复杂、含多种废弃化学品时，以其中危险性最大的物质类别进行归类。

（4）含重金属、剧毒物质的废液，应分类单独收集，加贴明显标志，定期交由有资质的机构代为处理。

（5）废弃化学品不可置入收集生活废弃物的垃圾桶内。

（6）废弃化学品产生者应主动按要求收集所产生的废弃化学品。盛装废弃化学品的包装容器应张贴规范的实验室废弃化学品标签，并设立醒目的警告标志。

（7）水质检测中心应根据固体废弃物和液体废弃物的不同危险性，按照危险化学品储存要求选择适当的储存环境。涉及危险废物的，应按规定由取得危险废物经营许可证的单位代为处理。

（8）水质检测中心应配备有效的通风设施，及时排放操作过程中产生的气体废弃物。

6.2 危险化学品包装、容器处理

（1）单位应收集含有或沾染毒性、感染性危险废物的废弃包装物、容器，并定期交给具备危险废物经营许可证的单位进行处理。

（2）单位应收集其他危险化学品（不包含“沾染毒性、感染性的其他危险化学品”）的包装物、容器，并定期交给具备危险废物经营许可证的单位进行处理，或者交由生产厂家进行重复利用。

（3）水厂使用的液氯钢瓶应交由液氯生产厂商回收重复利用。

（4）水厂应对使用的盐酸、硫酸、过氧化氢等空容器进行集中存放，保证空容器中无残留液。空容器保存到一定量须交由生产厂商回收重复利用。

（5）水厂使用的固体危险化学品原料，应单独收集存储其包装，定期交由有相关处置资质的单位进行处置。

（6）应采用专用回收桶收集水质检测中心使用的其他危险化学品的包装物、容器。定期将水质检测中心收集的化学废弃瓶交由具备危险废物经营许可证的单位进行处理。

（7）在水质检测中心指定化学废弃瓶安放的位置，各指定位置均实行专人负责。

（8）水质检测中心化学废弃瓶不应留有残液。

7

应急救援及自救互救知识

7.1 应急管理

应急管理体系是由专业技术、管理方法、行为规范、实施机构组成的有机结合体，能够实施完成各种应对突发事件的方案和措施。农村供水单位应在对本单位危险源辨识、风险分析的基础上，建立健全生产安全事故应急管理体系。

7.1.1 应急管理原则

（1）政府统一领导。

（2）综合协调。

（3）分类管理。

（4）分级负责。

（5）属地管理为主。

7.1.2 应急准备

（1）单位应建立安全生产应急管理机构或配备专（兼）职安全生产应急管理人员，建立与本单位安全生产特点相适应的专（兼）职应急救援队伍或指定专（兼）职应急救援人员，必要时可与当地驻军、医院、消防队伍等签订应急支援协议。

（2）应急救援队伍应当配备应急救援所必需的装备和物资，并定期组织训练和培训。

（3）单位应在对本单位危险源辨识、风险分析的基础上，建立健全生产安全事故应急预案体系。应急预案体系主要由综合应急预案、专项应急预案和现场处置方案构成。单位可根据本单位组织管理体系、生产规模、危险源的性质以及可能发生的事故类型确定应急预案体系。

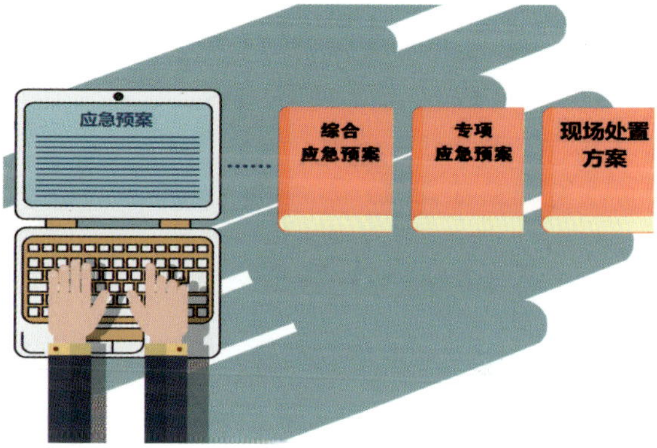

安全小贴士

我国应急预案体系主要由综合应急预案、专项应急预案和现场处置方案构成。单位可根据本单位的实际情况，确定是否编制专项应急预案。

综合应急预案是应急预案体系的总纲，包括应急组织机构及职责、应急预案体系、事故风险描述、预警及信息报告、应急响应、保障措施、应急预案管理等内容。

专项应急预案是为应对某一类型或某几种类型事故，或者针对重要生产设施、重大危险源、重大活动等内容而制定的应急预案。主要包括事故风险分析、应急指挥机构及职责、处置程序和措施等内容。

安全小贴士

农村水厂根据工艺及规模不同，一般可编写水质污染、防汛、抗旱、重要设施设备损毁、火灾爆炸、液氯及盐酸泄漏等专项应急预案。

现场处置方案是根据不同事故类别，针对具体的场所、装置或设施所制定的应急处置措施，主要包括事故风险分析、应急工作职责、应急处置和注意事项等内容。

安全小贴士

应急预案的编制可参考《生产经营单位生产安全事故应急预案编制导则》（GB/T 29639—2013）的相关要求。

（4）编制完成的应急预案应组织进行评审，评审合格后由本单位主要负责人签署公布。

（5）应急预案在公布之日起20个工作日内，按照分级属地原则，向应

急管理部门和有关部门进行告知性备案。

安全小贴士

申报应急预案备案提交材料包括应急预案备案申报表、应急预案评审或者论证意见、应急预案文本及电子文档、风险评估结果和应急资源调查清单。

（6）单位应当至少每年组织一次应急预案演练，并将演练情况报送所在地县级以上地方人民政府应急管理部门备案。

安全小贴士

按演练的开展过程，应急演练主要分为演练计划、演练准备、演练实施、演练评估与总结。

（7）单位应建立应急预案定期评估制度，每三年进行一次应急预案评估，应急预案评估可以邀请相关专业机构或者有关专家、有实际应急救援工作经验的人员参加，必要时可以委托安全生产技术服务机构实施。

7.1.3 应急处置与救援

（1）发生事故后，立即停止现场作业，现场作业人员有序撤离。

（2）根据应急预案要求，立即启动应急响应程序，成立现场指挥部。

（3）根据需要请求邻近的应急救援队伍参加救援。通知可能受到事故影响的单位与人员。

（4）向参加救援的应急救援队伍提供相关技术资料、信息和处置方法。

（5）根据现场指挥部的统一指挥，迅速控制危险源，组织抢救遇险人员。

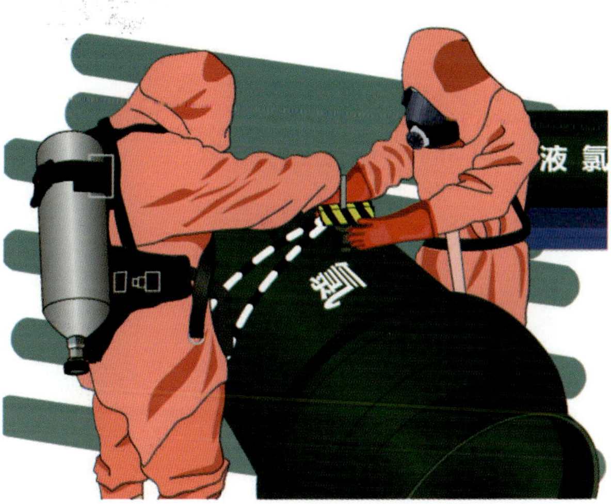

（6）启动防止事故危害扩大和发生次生灾害的必要措施。

（7）维护事故现场秩序，保护事故现场并及时搜集证据。

（8）法律、法规规定的其他应急措施。

7.1.4 应急恢复与评估

应急结束后，单位应及时进行应急恢复与应急评估工作。具体步骤如下图所示。

安全小贴士

单位应每年对应急准备、应急处置工作进行一次评估，完成险情或事故应急处置后，单位要主动配合有关部门组织开展应急处置评估。

7.2 现场应急措施

单位应开展从业人员岗位应急知识教育和自救互救、避险逃生技能培训，使从业人员能在险情或事故发生后，第一时间做好自救互救和必要的先期处置，降低事故的影响范围。

7.2.1 液氯泄漏应急措施

（1）发生液氯泄漏，应及时向单位负责人报告。

液氯泄漏应急措施

（2）救援人员未到达前，采取自救措施，及时有序撤离，如有人员中毒或伤亡及时拨打120急救电话。

（3）液氯溅到身上，会将衣服冻结在皮肤上，先用大量流动清水冲洗，解冻后方可脱去，再用大量肥皂水洗涤，然后用干净的热水冲洗至少15min，静卧保温，必要时静脉注射糖皮质激素，并及时就医。

（4）眼睛接触氯时，立即用大量流动温水或生理盐水彻底冲洗至少20min并及时就医，冲洗时撑起眼睑，确保眼睛与眼睑的所有部位都能与水接触，不应使用中和剂。

（5）不慎吸入氯气，应迅速将吸氯中毒者抬离现场至空气新鲜处，并将其衣裤、纽扣及衣带松开，使其呼吸畅通。若衣服上吸附氯气，应及时更换衣服，防止二次污染。

（6）遇呼吸困难时应给氧，并给予 2% ~ 4% 碳酸氢钠溶液雾化吸入；遇呼吸、心跳停止时，应立即进行心肺复苏并及时送医，不应进行人工呼吸。

（7）不慎误食入氯时，应立即就医。

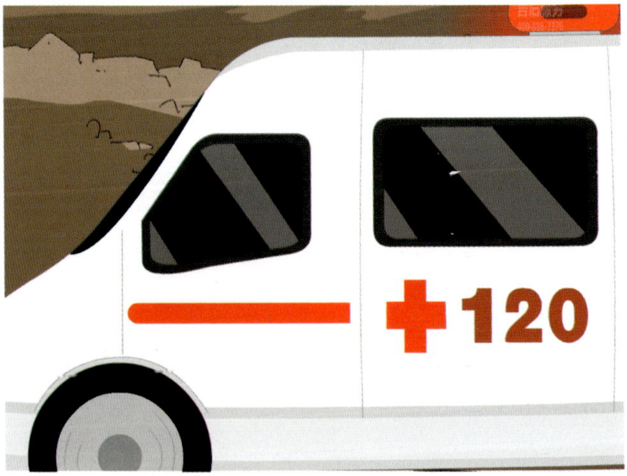

7.2.2 盐酸、硫酸泄漏应急措施

（1）发生盐酸、硫酸泄漏事故时，应及时向单位负责人报告。

盐酸、硫酸泄漏应急措施

（2）救援人员未到达前，自行有序撤离，并做好自救互救工作。

（3）盐酸、稀硫酸泄漏若接触皮肤，应脱去污染衣物，用大量流动的清水冲洗至少 15min，或用 2% 的碳酸氢钠溶液冲洗，紧急处理后送医院治疗。

（4）皮肤接触浓硫酸，需先用干布将其吸去，然后用大量流动清水冲洗剩余液体，最后再用碳酸氢钠溶液涂于患处，用0.01%的苏打水或稀氨水浸泡后前往医院就医。

（5）盐酸、硫酸不慎接触眼睛，应立即提起眼睑，用大量流动清水或生理盐水冲洗至少15min，并及时就医。

（6）不慎吸入盐酸、硫酸气体，应迅速将中毒者抬离现场至空气新鲜处。遇呼吸困难时给输氧，并给予2%～4%碳酸氢钠溶液雾化吸入，若呼吸停止，立即进行人工呼吸，并及时送医。

（7）不慎食入盐酸、硫酸，应立即用水漱口，口服牛奶、蛋清、植物油等，蛋清可保护消化道黏膜。严禁洗胃，不可催吐，立即就医。

7.2.3 氰化物中毒应急措施

（1）发生氰化物接触皮肤中毒时，应迅速使中毒者脱离现场，更换污染衣物，用流动清水或 5% 硫代硫酸钠溶液彻底冲洗被污染处至少 20min，并立即就医。

氰化物中毒应急措施

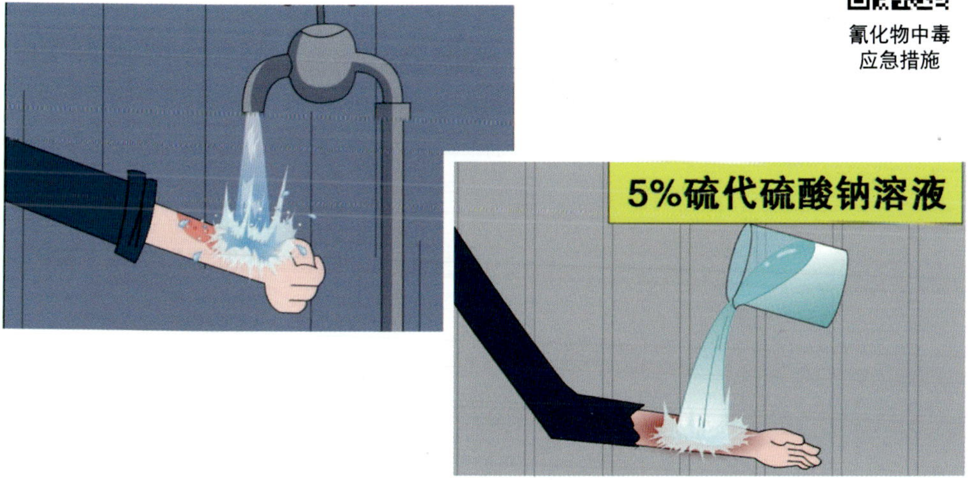

（2）眼睛接触氰化物，应立即提起眼睑，用大量流动清水或生理盐水彻底冲洗至少 15 ~ 20min，并及时就医。

（3）不慎吸入氰化物，应迅速将中毒者抬离现场至空气新鲜处，保持其呼吸道畅通。遇呼吸、心跳停止时，立即进行胸外按压术。严禁口对口人工呼吸，及时就医。

（4）口服中毒者，应立即将其移出现场，并将亚硝酸异戊酯1～2支（0.2～0.4mL）放在手帕或纱布中压碎，给患者吸入15～30s，数分钟后可重复一次，总量不超过3支，立即就医。必要时可使用85号抗氰预防片。

7.2.4 重金属盐中毒应急措施

重金属盐中毒应急措施

（1）发生重金属盐中毒时，应迅速使中毒者脱离现场，清洗污染皮肤、更换污染衣物。

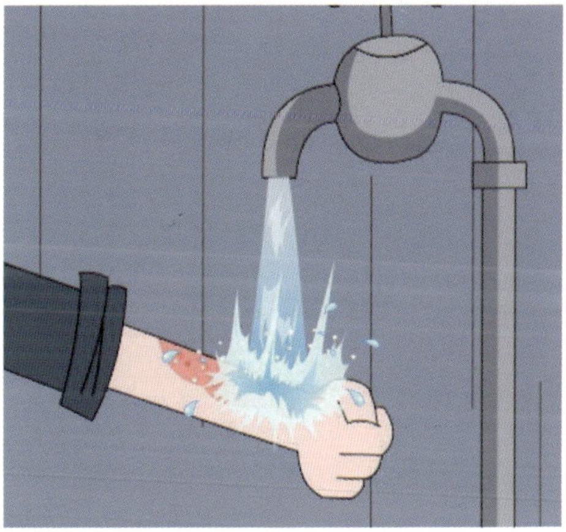

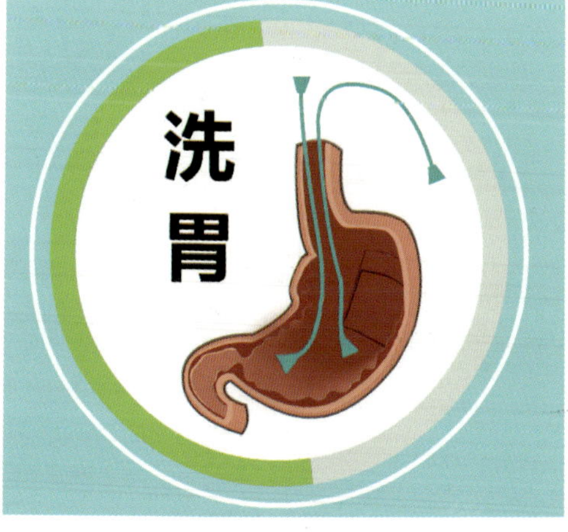

（2）口服中毒者立即用3%～5%碳酸氢钠溶液或1∶5000高锰酸钾溶液洗胃，使毒物迅速吐出。洗胃要反复进行多次，直到吐出物中基本无毒物后进行下一步。

（3）洗胃后再服用解毒剂，一般解毒剂有鸡蛋清、牛奶、淀粉糊、橘子汁等。

（4）遇呼吸、心跳停止，应做人工呼吸及胸外按压。

7.2.5 玻璃仪器划伤急救措施

（1）发生玻璃仪器划伤手或其他部位时，如出血量不多，应先用双氧水、生理盐水或流动清水冲洗伤口，找出可能嵌入的碎玻璃。

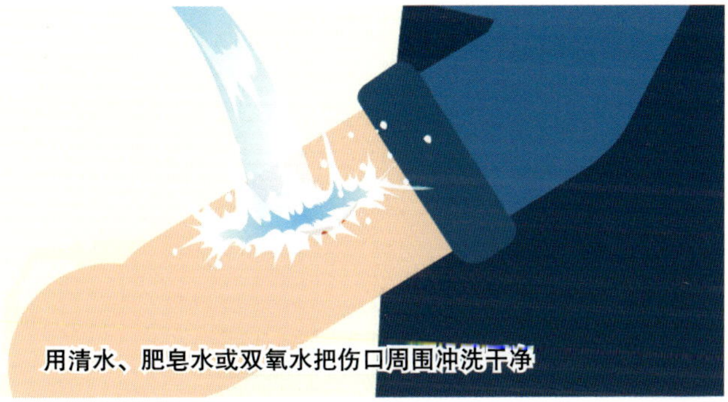

（2）用碘酒或碘伏擦拭伤口，以防止伤口感染。

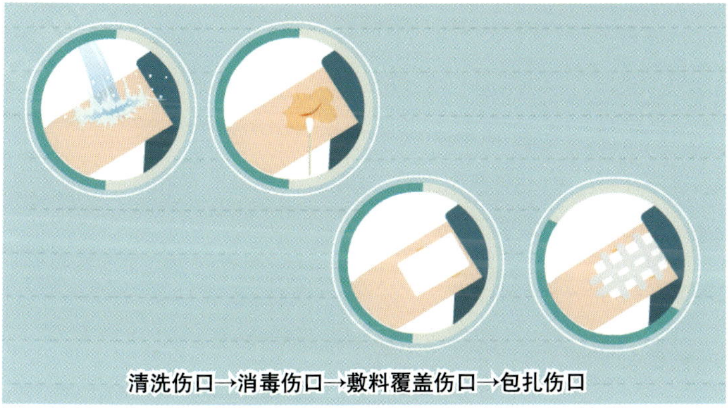

玻璃仪器划伤急救措施

（3）出血量较大则应立即采用压迫止血法、绷带止血法进行止血处理。压迫时间不可过长，防止伤口缺血造成皮下组织坏死。

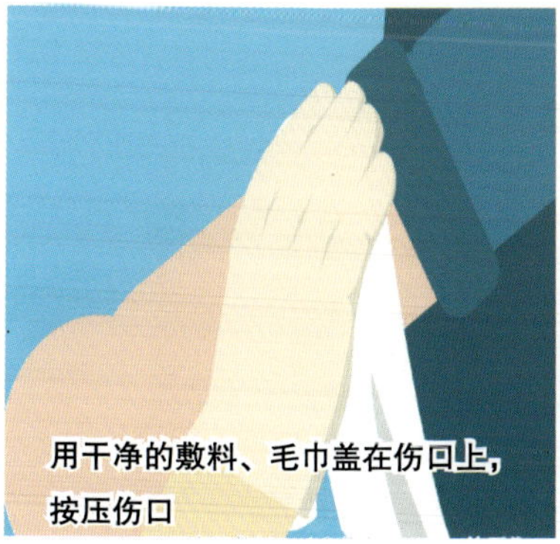

（4）轻微划伤出血可用创可贴包裹；相对较大一点的伤口，可用消毒的纱布或绷带包扎。

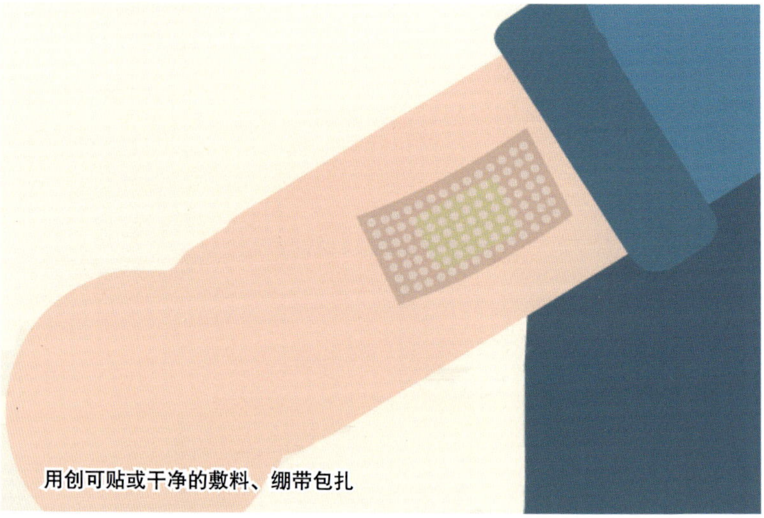

（5）对于较深的伤口，即使创面较小，也建议及时就医，必要时服用消炎药并注射破伤风针剂。

7.2.6 触电伤害应急措施

（1）发现有人触电时应首先紧急呼救，然后切断电源开关。

触电伤害应急措施

（2）尽快使触电者脱离电源。断开电源有困难时，不得直接接触触电者，可用干燥的木棍、竹竿等挑开带电体。

（3）脱离电源后，用手指感觉触电者是否有脉搏跳动。若感觉不到脉搏时，须立即进行胸外按压。

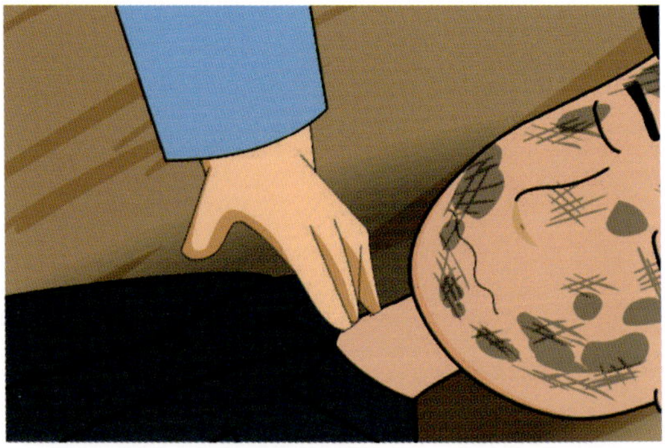

（4）注视触电者胸部是否有起伏或用脸颊感觉其是否有呼气。若呼吸停止，必须马上进行人工呼吸。

7.2.7 火灾、爆炸应急措施

火灾、爆炸应急措施

1. 火灾应急措施

（1）发生火灾事故时，应及时报告相关负责人，在保证自身安全的前提下用现场消防器材灭火。

（2）火势无法控制时，应立即撤离现场，并按下火灾报警器。

（3）逃离火场时，无论附近是否有烟雾都应采取防烟措施，可用干、湿毛巾捂住口鼻。

（4）选择切实可行的逃生路线，开门、窗前先确认门窗是否发热，不热时小心打开少许并迅速通过，然后立即关好，否则应选择其他出口。

2. 爆炸应急措施

（1）出现爆炸的先兆时，应迅速撤离至爆炸范围外的安全地带，并及时报警。

（2）若来不及撤离至爆炸范围外，应在爆炸发生时及时背对爆炸点卧倒或者低头趴下，胸口不要接触地面。

（3）张口保护耳膜，并用毛巾或衣物捂住口鼻。

（4）寻找附近合适坚固的掩体，避开玻璃、门窗等地方。

（5）暂时安全后，应及时撤离至更远的地带，避免二次爆炸伤害。

7.3 实用技能知识

7.3.1 灭火器的使用方法

灭火器的使用方法

1. 水基型灭火器使用方法

水基型灭火器适用于扑救易燃固体或非水溶性液体的初起火灾，但不可扑救带电设备的火灾。具体使用方法如下：

（1）将灭火器提至现场，在距离燃烧物 6 ~ 10m 左右，然后拔掉保险销。

（2）一只手握住开启的压把，另一只手握住喷枪。开启压把时，要向下压且紧握不放，灭火器密封被开启后，空气泡沫将从喷枪里喷出。

（3）喷出泡沫后，要将喷枪对准火势最旺处，灭火器与地面保持垂直状态，不可横卧或者倒置。

安全小贴士

液氯泄漏着火应采用水灭火，不可使用干粉、二氧化碳、卤代烷等灭火剂扑救，尽可能远距离灭火，且不应直接喷向泄漏源或安全装置。

2. 干粉灭火器使用方法

干粉灭火器适用于扑救各种易燃、可燃液体和易燃、可燃气体火灾，以及电气设备火灾。具体使用方法如下：

（1）右手握着压把，左手托着灭火器底部，轻轻地取下灭火器，右手提着灭火器赶到火灾现场。

（2）除掉灭火器的铅封。拔掉保险栓。

（3）左手握着喷管，右手提着压把，在距火焰 2m 的地方，用力压下压把，左右摆动喷管，使干粉覆盖整个燃烧区域。

安全小贴士

盐酸、硫酸泄漏时，本身为不燃物质，若着火可根据着火原因选择适当的灭火剂（干粉、二氧化碳、砂土）灭火。使用者必须穿戴耐酸碱消防服，且避免水流冲击泄漏物造成灼伤。

3. 二氧化碳灭火器使用方法

二氧化碳灭火器适用于各种易燃、可燃液体和可燃气体火灾，还可扑救仪器仪表、图书档案和低压电器设备以及600V以下的电气初起火灾。具体使用方法如下：

（1）右手握着压把，提着灭火器赶到火灾现场。

（2）除掉铅封，拔掉保险销。

（3）站在距火源2m的地方，左手拿着喇叭筒，右手用力压下压把，对着火源根部喷射，并不断推前，直至把火焰扑灭。

① 右手握着压把

②提着灭火器赶到火灾现场

③ 除掉铅封

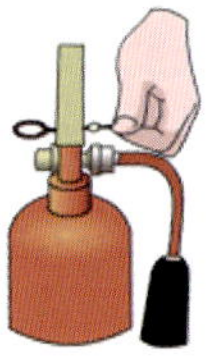

④ 拔掉保险销

⑤ 站在距火源2m的地方，左手拿着喇叭筒，右手用力压下压把

⑥ 对着火源根部喷射，并不断推前，直至把火焰扑灭

安全小贴士

使用二氧化碳灭火器时注意不要握住喷射的铁杆，以免冻伤手。

4. 泡沫灭火器使用方法

泡沫灭火器适用于扑救各种油类火灾和木材、纤维、橡胶等固体可燃物火灾，但不可用于扑灭带电设备的火灾。具体使用方法如下：

（1）用右手提着灭火器筒上面的提手，迅速到达火灾现场。

（2）在距离着火点5m处，整个人双腿一前一后蹲下，将灭火器放置地上，用右手握住灭火器喷嘴（喷嘴朝着火处），左手执筒底边缘。

（3）站立起身，把灭火器颠倒过来呈垂直状态，用力上下晃动几次，喷嘴对准着火点，放开喷嘴。

（4）右手抓筒耳，左手抓筒底边缘，将喷嘴朝向燃烧区，站在离火源 8m 的地方喷射，并不断前进，兜围着火焰喷射，直至把火扑灭。

（5）灭火后，把灭火器卧放在地上，喷嘴朝下。

7.3.2 洗眼器的使用方法

（1）需要使用洗眼器时，先打开进水控制阀。

（2）打开防尘盖。

（3）顺时针方向轻推洗眼开关推板（配备踏板洗眼器的可踩下踏板）。

洗眼器的使用方法

（4）双眼靠近洗眼喷头前，用大量清水冲洗 15min。

（5）洗眼完毕后须将手推阀复位，并将防尘盖复位。

7.3.3 防毒面具的使用方法

（1）使用防毒面具进行自救逃生时不要慌乱，使用前应先检查面具是否有裂痕、破口，确保面具与脸部紧密贴合。

防毒面具的
使用方法

（2）检查呼气阀片有无变形、破裂及裂痕；头带是否有弹性；滤毒盒座密封圈是否完好；填充过滤材料是否有效。

（3）使用时，先将面具盖住口鼻，然后将头带拉至头顶。

（4）用双手将下面的头带拉至颈后。

（5）再次调整头带位置，调到最佳位置即可，保证面具紧贴脸鼻，密封完好。

安全小贴士

滤毒罐有效期为5年，过有效期的滤毒罐禁止使用；面罩有裂痕、破口，密封性不良的一律禁止使用。

7.3.4 心肺复苏急救方法

心肺复苏（Cardio–Pulmonary Resuscitation，CPR）是指各种原因引起的心跳、呼吸骤停后的抢救。

心肺复苏
急救方法

安全小贴士

如果在病人心搏骤停 4 ~ 6min 内，第一目击者当场为其进行心肺复苏抢救，其复苏的成功率比等待医生到来之后再进行抢救高 5 ~ 6 倍。心脏停搏 4 ~ 6min，大脑就会发生不可逆死亡，所以这 4min 被称为挽救生命的“黄金 4min”。

进行心肺复苏的具体步骤如下：

（1）判断意识。对于成人，采用观察、呼唤、拍打等轻拍重唤的方法，看伤员有无反应；无反应则检查有无呼吸或异常呼吸。

对于婴儿，应拍击足底、捏掐上臂，判断其意识。

（2）呼救。拨打 120 急救电话，情况紧急时应先抢救再拨打电话；大声呼唤周围的人来协助抢救。

安全小贴士

拨打 120 急救电话时，要注意，讲清楚伤员所在地点、病因、病情（意识、脉搏、呼吸）、求救人姓名及电话等。

急救电话

（3）复苏体位。将病人双手上举，一腿屈膝一手托其后颈部，另一手托其腋下，使之头、颈、躯干整体翻成仰位。抢救人员跪于病人任一侧的肩腰部，两腿自然分开，与肩同宽。

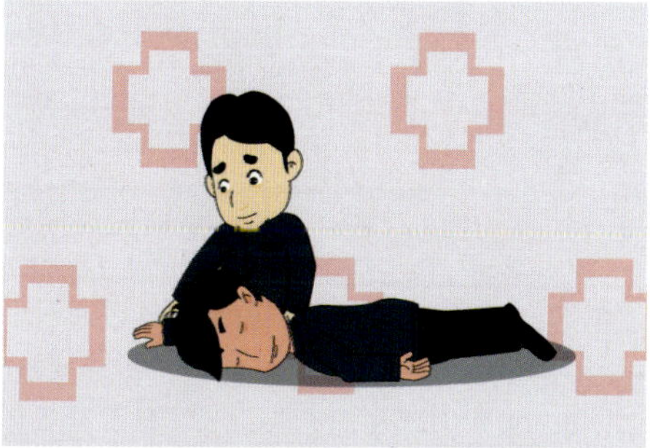

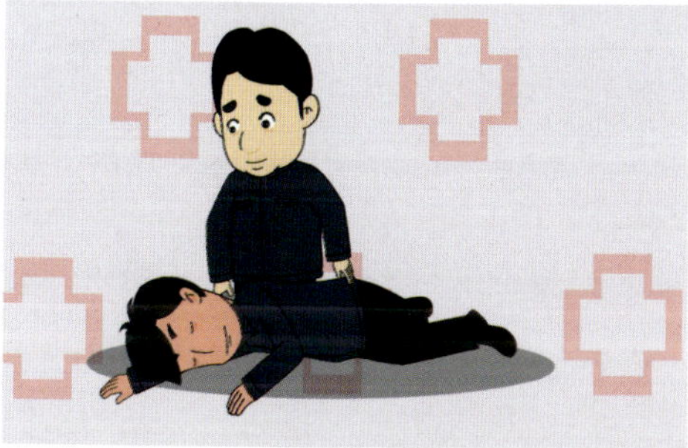

（4）判断心跳。专业人员可检查颈动脉搏动，非专业人员不作要求。

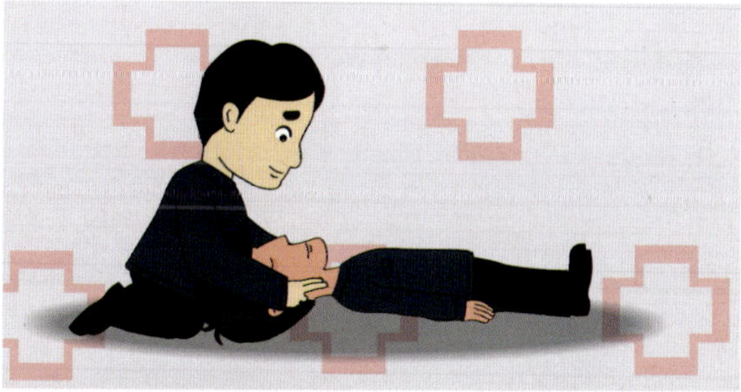

（5）胸外按压，建立人工循环。对于成年人，按压部位为胸部正中，两乳头连线中点，即胸骨下 1/2 处。按压频率≥ 100 次 /min；按压幅度≥ 5cm；按压次数约为 30 次。

对于婴儿，按压位置为婴儿胸部正中，两乳头连线下一指；按压深度≥ 1/3 胸前后径，儿童为 5cm，婴儿为 4cm。

按压时，双手掌根重叠，手指互扣翘起，每次按压后必须放松，掌根不得离开胸部；肘关节伸直不弯曲，双臂与患者胸部垂直。

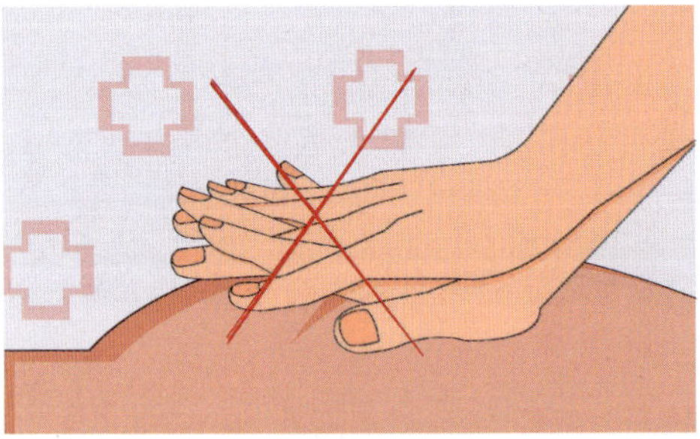

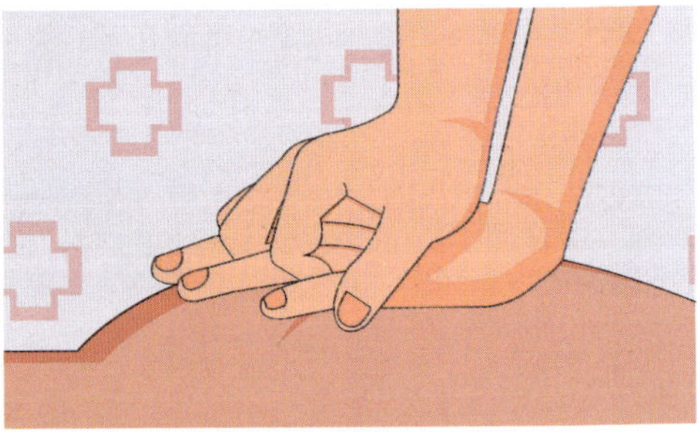

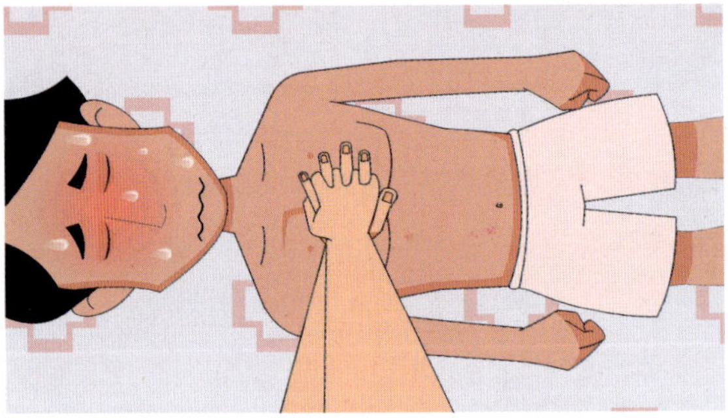

（6）开放气道。操作前要解开患者衣领、领带、围巾，清除口腔异物等，采取仰头举颏法（颈椎损伤者采取托颌法）。对于成年人头后仰 90°，对于儿童头后仰 60°，对于婴儿头后仰 30°。

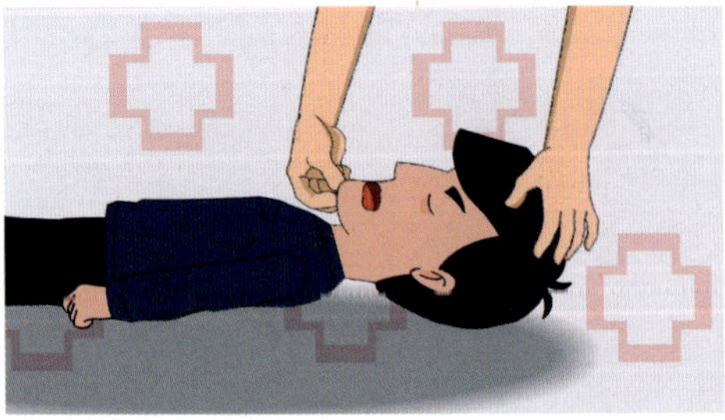

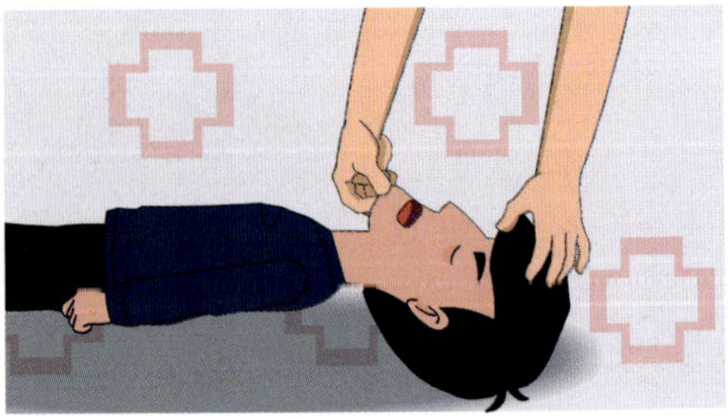

（7）人工呼吸。常用的方式为口对口人工呼吸；对于牙关紧闭、口唇分裂、口太大的病人可采用口对鼻式人工呼吸；对于婴儿可采用口对口鼻式人工呼吸。

吹时捏鼻，吹完松鼻，吹气2次；吹气量（成人）：看到胸廓起伏；吹气时间≥1s；侧头换气，并观察病人呼吸情况。

（8）电击除颤。心搏骤停者，其中约90%为室颤，自行复律者极少，极早除颤是决定其存活的最有效步骤。在公共场合，可以尽早使用自动体外除颤器（AED）除颤。

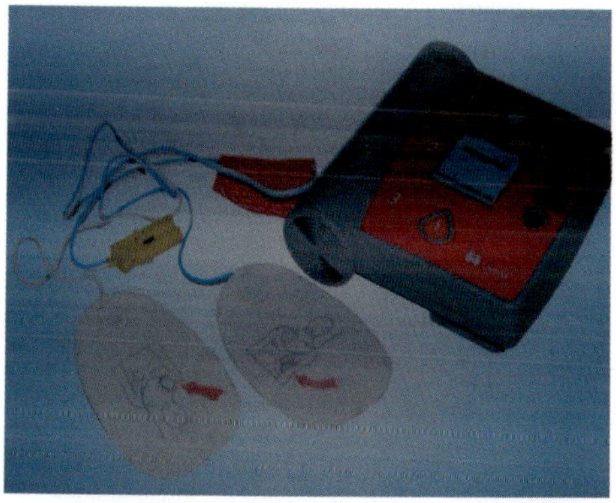

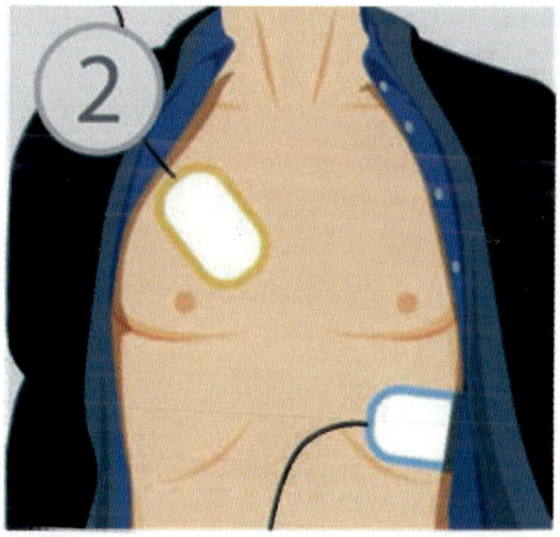

7.3.5 急救包扎方法

伤口包扎在急救中可起到保护创面、固定敷料、防止污染、止血和止痛的作用，有利于伤口早期愈合。

安全小贴士

包扎应做到动作轻巧，不要碰撞伤口，以免增加出血量和疼痛感。接触伤口面的敷料必须保持无菌，以免增加伤口感染的机会；包扎要快且牢靠，松紧度要适宜，打结要避开伤口和不宜压迫的部位。

伤口包扎常用三角巾材料，可用边长为 1m 的正方形白布或纱布，将其对角剪开即分成两块三角巾。90° 角称为顶角，其他两个角称为底角，外加的一根带子称为顶角系带，斜边称为底边。

1. 头部包扎

（1）三角巾帽式包扎适用于头顶部外伤。具体操作步骤：①底边齐眉，绕过耳朵上方；②两端交叉；③绕回前额打结；④收起项角。

急救包扎方法

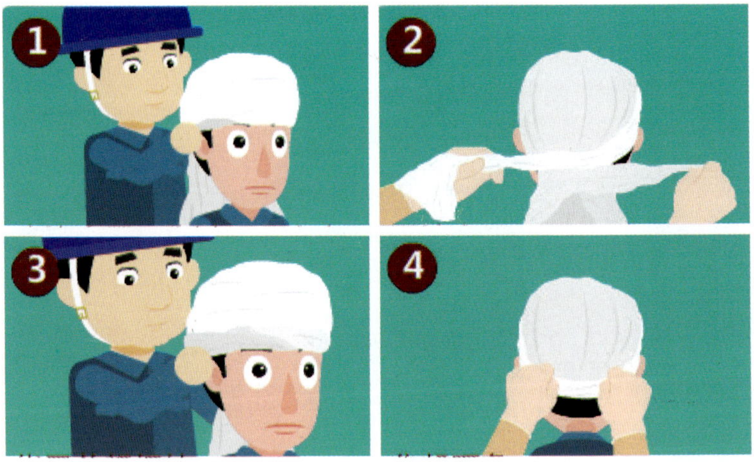

（2）三角巾面具式包扎适用于面部外伤。

（3）双眼三角巾包扎适用于双眼外伤。具体操作步骤：①布条左右交叉；②枕骨下打结。

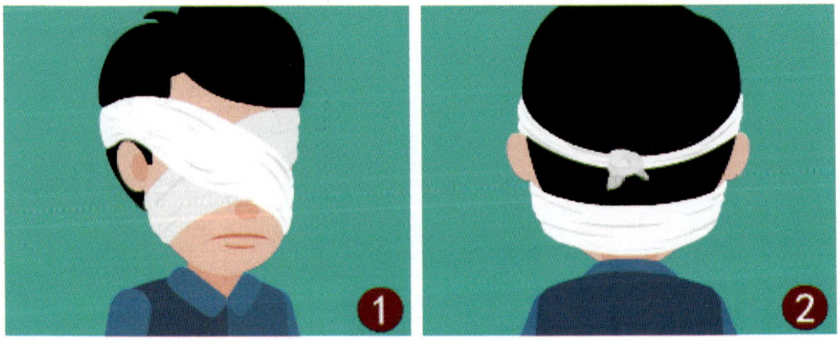

（4）头部三角巾十字包扎：适用于下颌、耳部、前额、颞部小范围伤口。

2. 颈部包扎

（1）三角巾包扎。

（2）绷带包扎。绷带包扎方法基本与三角巾包扎相同，只是改用绷带，环绕数周再打结。

3. 胸、背、肩、腋下部包扎

（1）胸部三角巾包扎适用于一侧胸部外伤。具体操作步骤：①底边经肋下缘打结；②顶角拉向背部；③拉紧固定。

（2）背部三角巾包扎适用于一侧背部外伤。方法与胸部包扎相似，只是前后相反。

（3）侧胸部三角巾包扎适用于单侧侧胸外伤。

（4）肩部三角巾包扎适用于一侧肩部外伤。具体操作步骤：①将三角巾燕尾式折叠；②底角对侧打结；③包绕肩部固定。

（5）腋下三角巾包扎适用于一侧腋下伤。

4. 四肢包扎

（1）臀部三角巾包扎适用于臀部外伤，方法与侧胸外伤包扎相似。

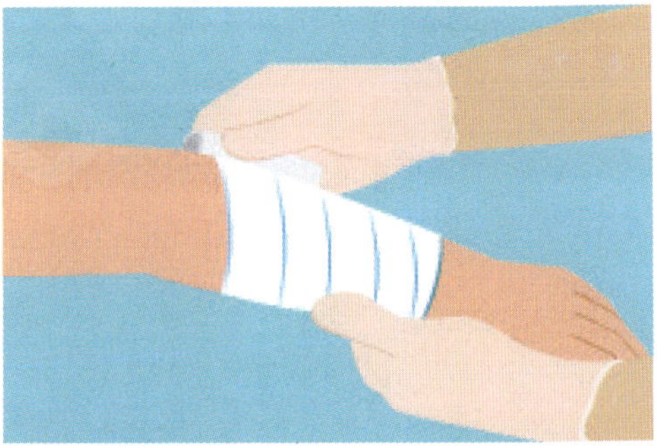

（2）上肢、下肢绷带螺旋包扎法适用于上肢、下肢除关节部位以外的外伤。

（3）肘、膝关节绷带8字包扎法适用于肘、膝关节及附近部位的外伤。针对膝关节，具体操作步骤：①宽带覆盖膝部；②压住上下边缘；③在肢体外侧打结。

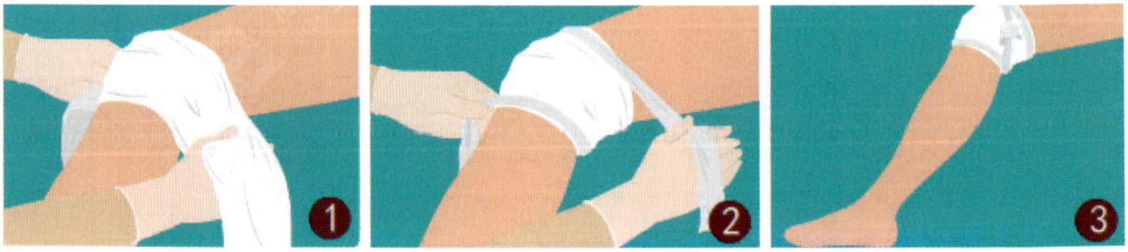

（4）手部三角巾包扎适用于手外伤。具体操作步骤：①手部平放在三角巾中；②顶角覆盖手部；③底角左右交叉；④缠绕手腕打结固定。

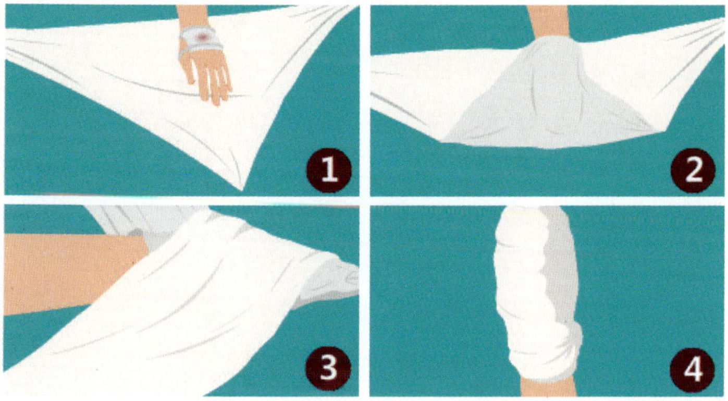

（5）脚部三角巾包扎方法与手包扎相似。

（6）手部绷带包扎方法与肘关节包扎相似，区别只是环绕腕关节进行 8 字包扎。

（7）脚部绷带包扎方法与膝关节相似，区别只是环绕踝关节进行 8 字包扎。

化学品

8

隐患排查

8.1 隐患排查要求

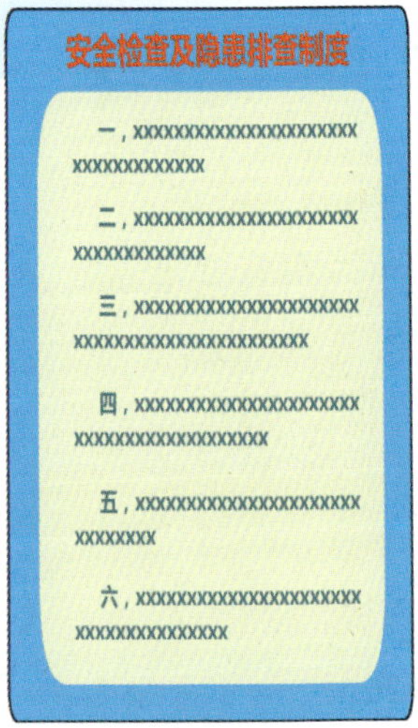

隐患排查是单位安全管理工作的重点内容，应按照“谁主管、谁负责”和“全员、全过程、全天候”的原则，明确职责。

（1）单位必须制定并以正式文件发布隐患排查治理制度，明确相关部门的职责，隐患排查的目的、范围与方式、方法，隐患排查工作程序和要求以及相应的奖惩措施。

安全小贴士

隐患排查范围应包括所有场所、环境、人员、设备设施和活动。

隐患排查方法包括定期综合检查、专业专项检查、季节性检查、节假日检查和日常检查等。

（2）单位必须按照隐患排查制度的规定制定隐患排查工作方案，明确排查的目的、范围、时限、方法和要求等，及时组织进行隐患排查，并保存隐患排查记录。

（3）隐患排查频次。

隐患排查频次如下图所示。

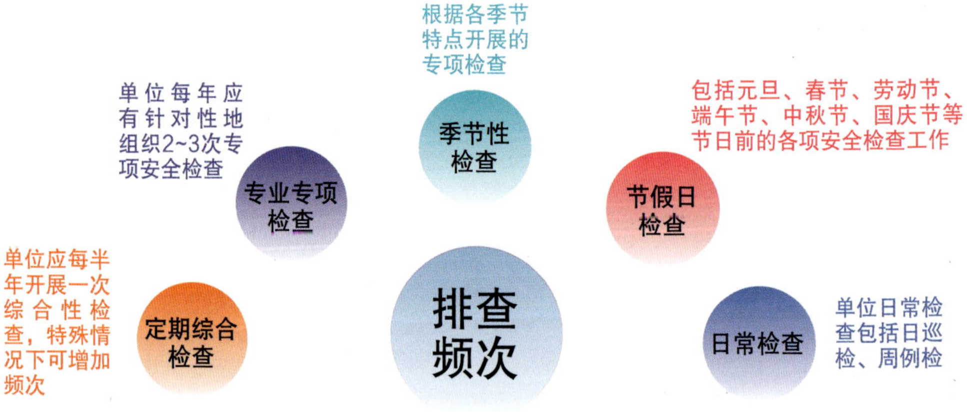

（4）隐患排查内容。

- **定期综合检查**：以落实岗位安全责任制为重点、各专业共同参与的全面检查，主要检查安全监督组织、安全思想、安全活动、安全规程、制度的执行等。
- **专业专项检查**：主要是对设备设施、消防设施、用电管理、危险化学品管理等系统分别进行的专业检查。
- **季节性检查**：春季以防雷、防静电、防解冻跑漏为重点；夏季以防暑降温、防食物中毒、防洪度汛为重点；秋季以防火、防冻保温为重点；冬季以防火、防爆、防气体中毒、防冻、防凝、防滑为重点。
- **节假日检查**：主要是节前对安全、保卫、消防、设备设施、危险化学品储存、应急预案等进行的检查，特别是对节日干部值班安排和危险化学品储存、应急预案的落实情况等进行重点检查。
- **日常检查**：包括现场安全操作规程执行情况，安全措施是否执行，有无违章、违规作业，检查现场安全情况，作业现场工作场所安全措施是否正确完备。

（5）单位必须对隐患进行分析评估，明确重大隐患，登记建档。说明隐患所在部位、可能发生的危害、隐患治理情况以及验收情况，并按规定上报。

8.2 隐患排查要点

8.2.1 农村水厂隐患排查要点

1. 网格絮凝池隐患排查要点

（1）是否定期监测絮凝池积泥情况。

（2）如有絮粒在絮凝池中沉淀，是否采取相应排泥措施。

（3）是否采取相应措施，避免水环境、大气以及固体废弃物的二次污染。

（4）敞开式水池是否设置安全栏杆及防滑装置，是否配备救生衣及救生圈。

（5）是否存在网格表面藻类生长、网眼堵塞等情况。

（6）是否严格执行建筑防火规范，留有足够的防火距离。

2. 斜管沉淀池隐患排查要点

（1）是否严格控制运行水位，防止沉淀池出水淹没出水槽等现象发生。

（2）是否定期开展排泥工作。

（3）藻类繁殖旺盛时期，是否采取有效除藻措施，防止沉淀池阻塞。

（4）是否每日检查沉淀池的进水阀门、出水阀门、排泥阀运行状况，并加注润滑油保养。

（5）是否定期对排泥机械、抽吸机械等进行相应保养及检修。

（6）排泥机械、阀门，是否每年检修或更换部件。

（7）是否每年将沉淀池排空一次，对混凝土池底、池壁检查修补一次，金属部件每年油漆一次。

（8）沉淀池、排泥机械是否每 3 ～ 5 年进行大检修或更换。

3. 重力式无阀滤池隐患排查要点

（1）滤池新装滤料后，是否经过消毒、检验、冲洗两次后才投入使用。

（2）滤池停役一周以上，是否经过放空、冲洗才重新启用。

（3）是否定期检查滤池、阀门、冲洗设备、电气仪表及附属设备的运行状况。

（4）是否每日做好设备、环境的清洁工作和传动部件的润滑保养工作。

（5）进水量是否平稳，未出现异常波动。

（6）虹吸管、虹吸辅助管、抽气管、虹吸破坏管等是否漏气，虹吸辅助管是否水封。

（7）是否定期对阀门、冲洗设备、电气仪表及附属设备等检修，并及时排除各类故障。

（8）滤池、土建构筑物、机械是否5年内进行大修一次。

4. 清水池隐患排查要点

（1）清水池是否装设液位仪。

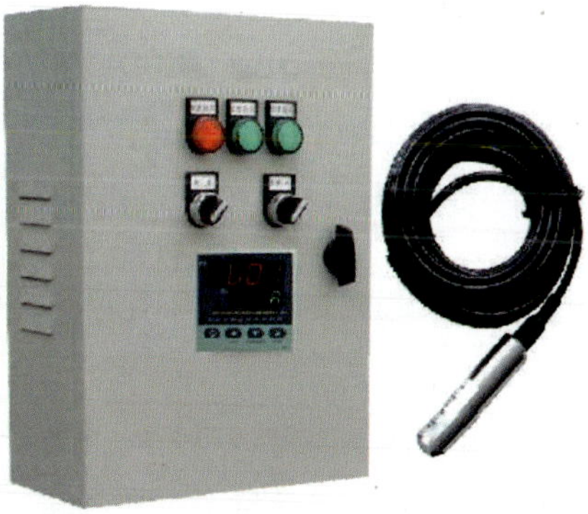

（2）是否每月对阀门检修一次；是否每季度对长期开和长期关的阀门操作一次、液位仪检修一次。

（3）是否每5年将阀门解体、更换易损部件，对池底、池顶、池壁伸缩缝进行全面检修。

（4）清水池是否超上限或下限水位运行。

（5）清水池顶是否堆放污染水质的物品和杂物。

（6）检测孔、通气孔和人孔是否设置防护措施，以防污染水质。

（7）清水池是否定期（每1～2年）排空清洗，并经过消毒合格后再蓄水。

（8）清水池清洗人员是否持有健康证。

5. 加药间隐患排查要点

（1）加药间室内是否设置冲洗设施，地坪是否有排水沟。

（2）设备管线是否完好，配电设施是否完好，是否存在违规用电现象。

（3）加药作业人员是否按照操作规程进行操作。

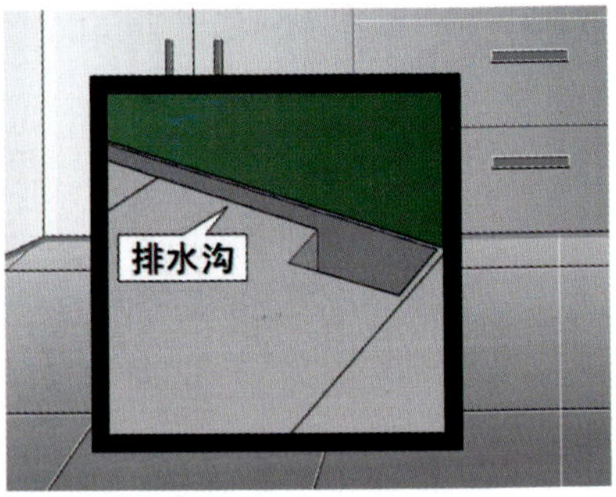

（4）作业人员是否正确穿戴劳动防护用品。

6. 二氧化氯消毒间隐患排查要点

（1）二氧化氯发生器周围底部是否设置有机械通风装置。

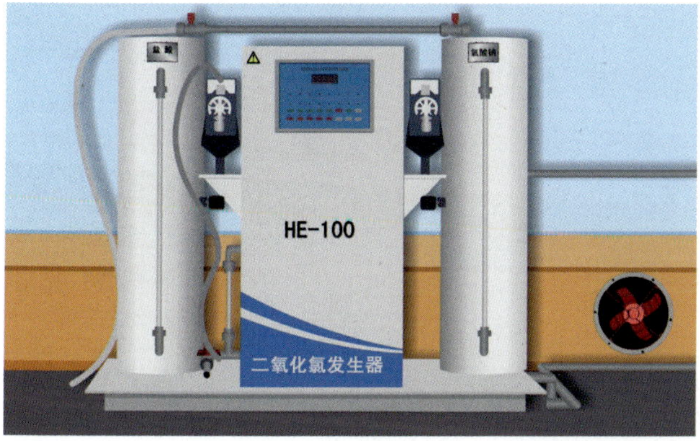

（2）消毒间是否违规存放与工艺无关的易燃易爆、有毒有害杂物，是否违规设置明火装置。

（3）是否定期清理二氧化氯发生器的计量泵、给料管、水射器。

（4）作业人员是否每天对二氧化氯发生器的运行情况进行检查。

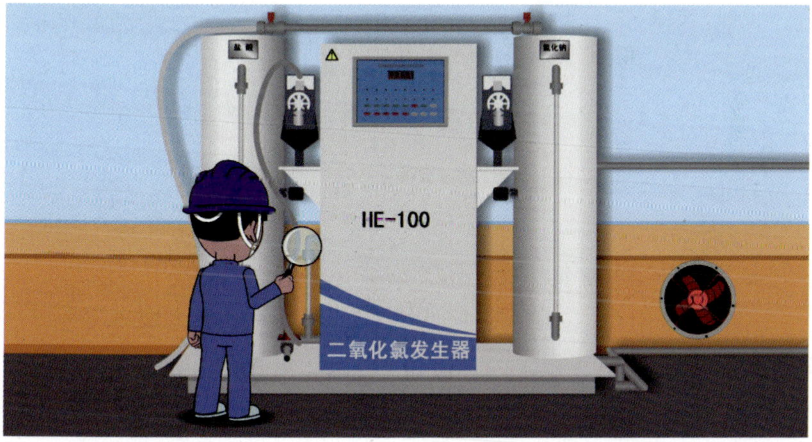

（5）操作人员是否经过专业知识培训，作业过程是否穿戴劳动防护用品。

（6）盐酸储存间、氯酸钠储存间是否阴凉、通风，是否上锁，是否设置有危险告知牌。

（7）盐酸储存间、氯酸钠储存间是否设置有泄漏应急处理设备和合适的收容材料。

7. 液氯消毒间隐患排查要点

（1）是否每日检查调整加氯机密封垫片、弹簧膜阀、压力水、水射器、压力表和转子流量计。

（2）是否每月清洗转子流量计、平衡箱、中转玻璃罩、水射器、检修过滤阀、控制阀、压力表等。

安全小贴士

在用酒精擦洗加氯机零件时，严禁烟火。

（3）检查液氯吸收装置内吸收液液位和药液浓度是否达到标准；液氯吸收装置是否每周联动一次。

（4）是否定期检查液氯钢瓶有效使用期限，是否每日检查钢瓶针型阀、防震圈、安全附件完好情况以及钢瓶表面清洁情况。

（5）液氯泄漏报警仪探头是否保持整洁、灵敏，设定值是否在 0.1ppm。

（6）加氯间是否设有安全标志，配备有效防护用具、应急抢修及消防器材。

（7）加氯间是否设置通风装置，通风装置是否完好可用，屋内铁件是否进行了油漆防腐处理，是否存在易燃物或和氯气发生反应的物品。

（8）液氯空瓶与重瓶是否分开放置，放置时是否牢靠定位。

安全小贴士

严禁氯气瓶或加氯机靠近采暖设施。

（9）加氯作业人员是否经过专业培训，取得合格证书。

（10）是否定期检查起重设备钢丝绳、吊钩、传动装置；操作人员是否持有特种设备操作证。

8. 次氯酸钠消毒间隐患排查要点

（1）每次使用前是否测定次氯酸钠消毒液有效氯含量。

（2）次氯酸钠发生器显示盘上仪表、开关、指示灯、标牌等是否安装牢固，接线是否正确、可靠。

（3）消毒间是否阴凉干燥且通风良好，上部是否设置防爆轴流风机，室内是否清洁无杂物、易燃易爆物品。

（4）工作完成后是否使用清水对发生器进行冲洗。

（5）是否定期检查发生器循环管出水阀、流量计等附件。

（6）消毒间是否设置可燃气体浓度报警器，电气设备是否使用防爆设备。

（7）作业人员是否按要求穿戴劳保用品，作业是否严格执行操作规程。

（8）是否设置有氢气排放系统，系统设置是否符合要求。

9. 送水泵房隐患排查要点

（1）水泵电机转动部位是否设置防护罩。

（2）送水泵房里存在的临边、沟、坑、孔洞等危险部位是否设置栏杆或盖板。

（3）送水泵房是否设置噪声危害告知卡，是否张贴“噪声有害”标志。

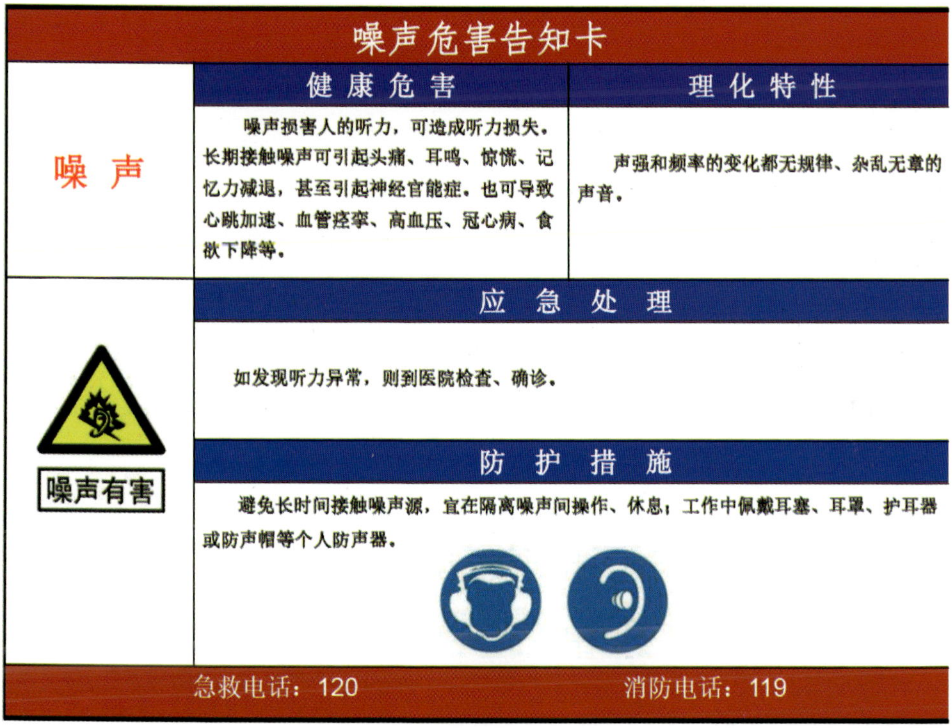

（4）电机外壳是否做了接地保护。

（5）水泵发生异常情况，是否详细记录并及时上报。

（6）是否定期检查电动阀门的限位开关、手动与电动的连锁装置。

（7）设备外露零部件是否做到防腐有效、无锈蚀、不漏油、不漏水。

10. 配电室隐患排查要点

（1）配电室是否设置了应急照明设施，设置位置是否符合规范要求。

（2）配电室是否设置了“禁止烟火”“止步，高压危险”等标志。

（3）消防器材是否完好有效，是否定期进行检查。

（4）配电房门口是否设置有防止小动物挡板，窗户是否设置有防鸟网。

（5）落地式配电箱底座是否采取封闭措施，防止鼠、蛇类小动物进入箱内。

（6）安全用具和防护用品是否完好有效。

（7）配电房屋顶是否存在渗漏现象，地面是否有积水和杂物，门、窗关闭是否密合。

（8）值班电工上岗操作证是否在有效期内。

（9）电工是否熟悉安全操作规程、供电系统和配电房各种设备的性能和操作方法。

（10）配电室是否配备符合国家标准的劳动防护用品。

（11）电气作业人员是否按要求正确使用和穿戴劳动防护用品。

8.2.2 水质检测中心隐患排查要点

1. 天平室隐患排查要点

（1）天平台是否稳固牢靠，室内是否明亮干燥，地面是否清洁，无杂物、水渍等。

（2）天平显著位置是否粘贴校验合格标志。

（3）天平是否建立技术档案、明确保养责任人。

（4）室内是否配备温湿度仪，温度是否在 15 ～ 30℃之间，湿度是否小于 70%。

（5）是否配备有灭火器材。

（6）用电线路是否有外漏、破损等现象。

（7）是否悬挂有岗位职责和管理制度。

（8）门口是否设置有安全标志，安全标志牌设置是否符合《安全标志及其使用导则》（GB 2894—2008）要求。

安全小贴士

根据《安全标志及其使用导则》（GB 2894—2008）要求，安全标志牌应选用坚固耐用材料，设置高度尽量与人眼的视线高度相一致，不应设置在门窗等可移动的物体上。多个标志牌一起设置时，按照警告、禁止、指令、提示类型的顺序，先左后右，先上后下排列。

2. 药剂室隐患排查要点

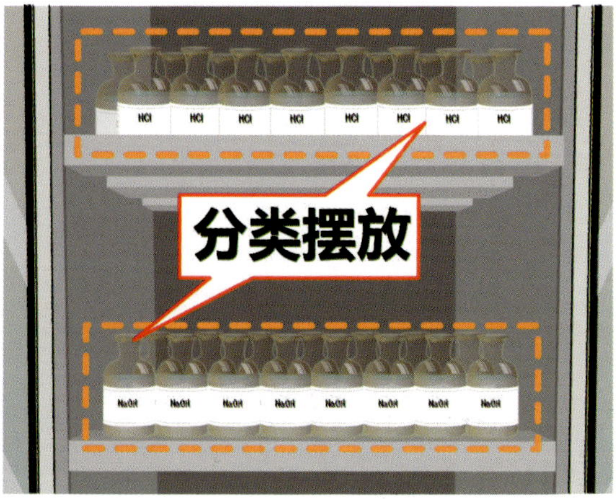

（1）药剂是否存放在专用药剂柜内，不同性质药剂是否分开存放。

（2）剧毒物品是否存放在单独保险柜内，是否实行双人双锁储存保管制度。

（3）药剂瓶标签是否完好准确，无水渍、污物等影响阅读的因素。

（4）用电线路是否有外露、破损等现象。

（5）是否悬挂有岗位职责和管理制度。

（6）药剂是否有试剂台账及出入库登记记录。

（7）室内是否配备温湿度仪，温度是否在 15 ～ 30℃之间，湿度是否小于 70%。

（8）是否配备有消防器材，消防器材是否有效。

3. 理化室隐患排查要点

（1）是否设置有完好的通风设施和避光设施。

（2）操作台是否防滑、耐酸碱、清洁无杂物，作业人员是否按规定穿戴防护用品。

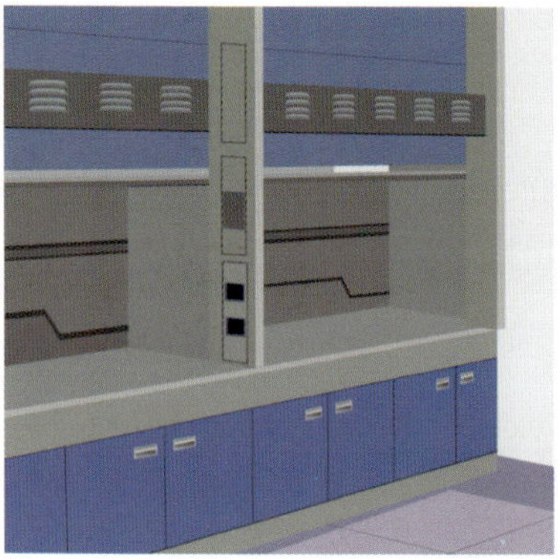

（3）通风橱内是否有电源插座等用电设施。

（4）玻璃仪器是否放置稳固牢靠，存放地点是否有缓冲设施。

（5）作业人员是否按操作规程作业。

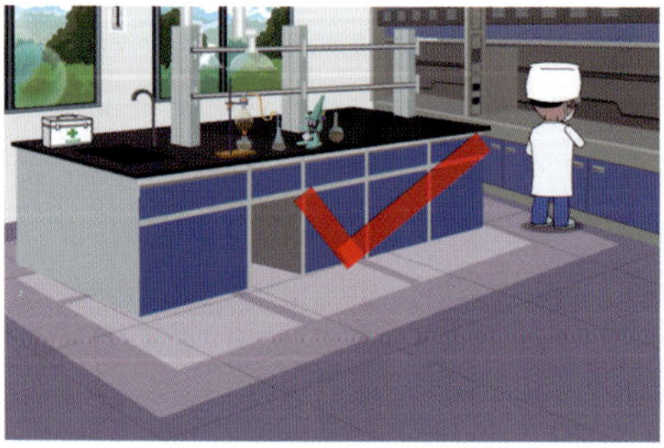

（6）废气排放管道是否完好，排放口设置是否合理、周围是否通畅。

（7）理化室上下水设施是否完好，无漏水、堵塞等现象。

（8）是否设置有有害废液存储设施，有害废液是否按规定处置回收。

（9）用电线路是否有外露、破损等现象。

（10）是否悬挂有岗位职责和管理制度。

（11）室内是否配备温湿度仪，温度是否在 15 ～ 30℃之间，湿度是否小于 70%。

（12）是否配备有消防器材。

4. 微生物室隐患排查要点

（1）室内是否清洁无杂物。

（2）灭菌器压力表是否校验、张贴有校验标志。

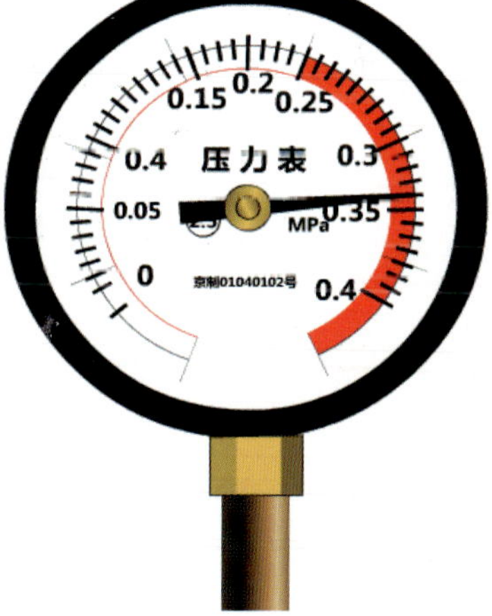

（3）灭菌前和灭菌后的物品是否分开存放，灭菌后物品是否张贴标签明确有效期。

（4）高温蒸汽灭菌器是否离墙设置，周围是否有易燃易爆物品。

（5）微生物室紫外灭菌灯是否完好有效，是否每天应用紫外线消毒。

（6）用电线路是否有外漏、破损等现象。

（7）是否悬挂有岗位职责和管理制度。

（8）室内是否配备温湿度仪，温度是否在 15 ～ 30℃之间，湿度是否小于 70%。

5. 分析仪器室隐患排查要点

（1）强制检定计量仪器是否经国家法定计量检定机构检定，是否有检定合格标签。

（2）仪器是否有明显的设备编号、工作状态标签。

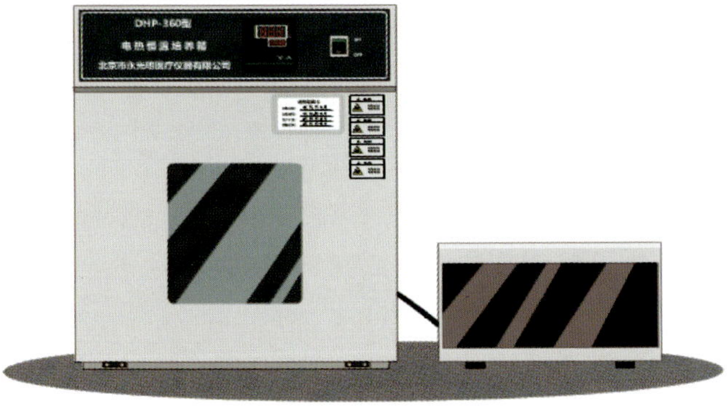

（3）计量设备和分析仪器是否在当地市场监督部门确认并备案。

（4）仪器是否按要求保养，是否有保养记录。

（5）精密检测仪器设备是否配备不间断电源。

（6）大型分析仪器的压缩气体钢瓶是否存放牢固、是否存放在阴凉地方、是否远离火源。

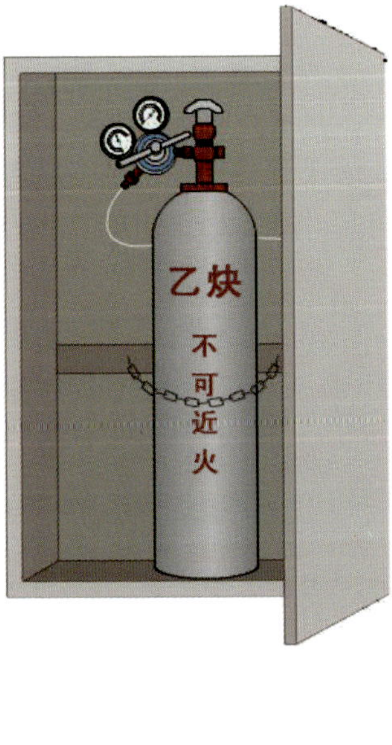

（7）是否配备有干粉灭火器，精密仪器旁是否有二氧化碳灭火器。

（8）用电线路是否有外露、破损等现象。

（9）是否悬挂有岗位职责和管理制度。

（10）室内是否配备温湿度仪，温度是否在 15 ～ 30℃之间，湿度是否小于 70%。

化学品

9

安全管理要点

9.1 农村水厂安全管理要点

1. 网格絮凝池安全管理要点

安全小贴士

本节内容主要参考《城镇供水厂运行、维护及安全技术规程》（CJJ 58—2009）、《村镇供水工程运行管理规程》（SL 689—2013）相关要求，农村水厂可根据单位实际参考使用。

（1）按照规定每日对混合装置的电机、变速箱、搅拌装置运行状况进行检查，加注润滑油，做好环境和设备的清洁工作。

（2）按照规定每月对机械电气检修一次，反应池机械、电气设备应每年检修或更换部件，网格、静态混合器应每年检查一次。每年对金属设备及部件防锈涂漆一次。

（3）定期检测絮凝池出口絮凝效果，应做到絮凝后水体中的颗粒与水分离度大，絮体大小均匀，絮体大而密实。

（4）应按设计要求和实际生产水量控制进出口流速、运行水位、停留时间等工艺参数。

（5）定期检测积泥情况，避免絮粒在絮凝池中沉淀。如难以避免时，应采取相应的排泥措施。

（6）定期观测网格表面卫生情况，发生藻类滋生、网眼堵塞等现象及时处理。

（7）在进行技术改造、设备更新或检修施工前，应制定水质保障措施。

（8）直接从事制水工作的人员，必须经过卫生知识和专业技术培训，并按照当地卫生行政主管部门的要求每年进行一次健康体检，持证上岗。

（9）絮凝池主要通道应设防护栏杆，栏杆高度不低于 1.1m，应配备救生衣、救生圈等防护用品，确保作业过程中的安全。

2. 斜管沉淀池安全管理要点

（1）沉淀池运行时，应严格控制运行水位，防止沉淀池出水淹没出水槽，启用或停用时宜缓慢操作，减少对沉淀池出水浊度的影响。

（2）斜管沉淀池应做好排泥工作，保持排泥阀的完好、灵活，排泥管道的畅通。采用排泥车排泥时，排泥周期根据原水浊度和排泥水浊度确定，采用其他形式排泥时，排泥周期可视具体情况确定。

（3）启用斜管时，斜管应固定在承托支架上，初始的上升流速应缓慢，防止斜管漂起。

（4）斜管表面及斜管管内沉积产生的絮体泥渣应定期进行清洗，并根据需求及时清理池中积泥。藻类繁殖旺盛季节，应采取投氯或其他有效除藻措施，防止滤池阻塞。

（5）按规定每日对进、出水阀门，排泥阀，排泥机械运行状况进行保养，加注润滑油，检查机械、电气装置，并进行相应的保养。

（6）按规定每月对机械、电气装置检修一次，对斜管每三个月或半年冲洗清通一次。

（7）排泥机械、阀门，每年解体检修或更换部件，每年排空一次，检查斜管、支托架、池底、池壁等，并进行检修、油漆。

（8）斜管沉淀池 3 ~ 5 年应进行检修，对支承框架、斜管局部进行更换。

（9）在进行技术改造、设备更新或检修施工前，应制定水质保障措施。

（10）斜管沉淀池的出口应设质量控制点，浊度指标一般宜控制在5NTU以下，供水规模不足1000m^3/d的村镇供水工程，可放宽至8NTU。

（11）直接从事制水工作的人员，必须经过卫生知识和专业技术培训，并按照当地卫生行政主管部门的要求每年进行一次健康体检，持证上岗。

（12）沉淀池主要通道应设防护栏杆，栏杆高度不低于1.1m，应配备救生衣、救生圈等防护用品，确保作业过程中的安全。

3. 重力式无阀滤池安全管理要点

（1）定期对滤池滤床、承托层进行相关参数的测定。如滤料层厚度、承托层平整度、滤床冲洗膨胀度、滤料级配、滤料含沙量等。并对测定参数进行分析，对测定的技术参数严重偏离设计要求的应对滤池进行维修以保证滤池的运行效果。

（2）定期检查滤料层是否平整或受到污染，当滤料层局部板结或表面遭受藻类污染时，应将表面被污染的滤料（约100mm厚）清除，更换新滤料。

（3）滤料应严格筛选，滤池新装滤料后，应在含氯量30mg/L以上的水中浸泡24h消毒，经检验滤后水合格后，冲洗两次以上方能投入使用。

（4）进水量应保持平稳，不宜波动太大，不得超过滤池设计进水量。

（5）初次反冲洗前，应将冲洗强度调节到虹吸下降管直径1/4左右的开启度，进行反冲洗，以后逐次放大开启度，直至规定的冲洗强度为止。

（6）虹吸管、虹吸辅助管、抽气管、虹吸破坏管等应严格保证不漏气，虹吸辅助管必须水封，虹吸破坏管要保证通畅。

（7）因水中带气而无法实现自动反洗时，应关掉进水，及时进行强制反洗，必要时增加强制反洗次数，以保证滤沙的清洁。

（8）初次运行或检修后，应排除滤池中的空气，应彻底对滤池进出水槽、上部反洗水箱、排水井、水封槽进行清扫，方可向滤池进水。

（9）滤池、土建构筑物、机械大修周期不应超过5年。

（10）在进行技术改造、设备更新或检修施工前，应制定水质保障措施。

（11）直接从事制水工作的人员，必须经过卫生知识和专业技术培训，并按照当地卫生行政主管部门的要求每年进行一次健康体检，持证上岗。

4. 加药间安全管理要点

（1）按规定的浓度用清水配置药剂溶液，根据原水水质和流量确定加药量，未经批准允许，不得擅自更改原水水质和出水要求，严格控制药剂的投加量、投加点和投加方式。

（2）加药人员应熟练掌握所用设备的原理、操作方法、安全措施，经过培训考核，合格后方可上岗。

（3）加药人员应严格按照规定操作，根据水质、水量情况变化及时通知化验房和泵房，以便调整药剂投放量和调配机组供水。

（4）加药人员应熟悉各类药剂的使用说明，掌握药剂的各类属性以及急救措施。

（5）应按照规定每日检查投药设施运行是否正常，储存、配制和传输设备是否有堵塞、泄漏现象，每日检查设备的润滑、投加和计量是否正常，并进行清洁保养和场地清扫。

（6）每年对储存、配制、传输和加注计量设备进行一次检查，做好清洗、修漏、防腐和附属机械设备检修工作。

（7）加药人员应定期巡查各类加药系统的运行状况，对各种药剂每日的用量、配置浓度、投加量及加药系统的运行状况进行记录。

（8）加药人员应熟悉并严格执行加药间防火管理制度和药品管理制度。

（9）加药间电气设备应经常检修，防止因发生电火花、短路、超负荷等原因引起的线路发热导致起火。

（10）加药间应保持清洁，通风、照明良好，备件物品放置整齐，备有消防设备，保证用电、用水、用气安全。

（11）加药人员在投加过程中，应穿戴相应的劳动防护用品。

（12）发生设备损坏等安全事故，应及时报告、调查和处理。

5. 二氧化氯消毒间安全管理要点

（1）消毒间应有完好的防火、防盗措施，配备灭火器材，未经许可非工作人员不得进入，外来参观人员严禁私拿乱放。

（2）消毒间应通风良好，设置保证每小时换气 8 ～ 12 次的通风设施，避免阳光直晒及靠近热源。室内配备温湿度仪，温度在 15 ～ 30℃之间。

（3）消毒间灭火器材、防护和急救器具应摆放在固定的位置，任何人不得随意动用；操作人员应能正确使用各类器材，发现火险隐患及时报告、处置，发生火灾主动扑救，及时报警。

（4）二氧化氯与水应充分混合，有效接触时间不少于 30min。

（5）盐酸储罐与氯酸钠溶液储罐应分开存放，盐酸储存间应上锁，设置必要的泄漏应急处理设备和合适的收容材料；氯酸钠或亚氯酸钠库房应设置快速冲洗装置。

（6）如遇停电，要及时检查正在运行的二氧化氯发生器是否安全可靠，及时关闭相应的管路阀门。

（7）作业人员应按时记录各种药剂的用量、配置浓度、投加量及处理水量。

（8）作业人员应做好交接班记录。交接班时，作业人员应如实填写工作记录，做好钥匙及其他物品的移交工作。

（9）作业人员应熟练掌握检测仪器的使用方法，每天至少检测一次出厂水二氧化氯余量及自由性余氯量。消毒剂余量过高或过低时，及时查明原因。

（10）作业人员必须严守操作规程和安全措施，定期检查设备及原料罐、泵、阀是否正常无损坏；设备出现异常，应立即停车，在排除故障、确保无误后再重新开车。

（11）如果出现盐酸或氯酸钠溶液泄漏，迅速采取相应措施进行排查和处置，避免事故范围扩大，减少环境污染。

6. 液氯消毒间安全管理要点

（1）消毒间应有完好的防火、防盗措施，配备灭火器材，未经许可非工作人员不得进入，外来参观人员严禁私拿乱放。

（2）消毒间应通风良好，避免阳光直晒及靠近热源。室内配备温湿度仪，温度在 15 ~ 30℃之间。

（3）消毒间灭火器材、防护和急救器具应摆放在固定的位置，任何人不得随意动用；操作人员应能正确使用各类器材，发现火险隐患及时报告、处置，发生火灾主动扑救，及时报警。

（4）消毒剂加注管应保证一定的入水深度，防止消毒剂外溢造成浪费和污染环境。

（5）作业人员操作加氯设备（包括加氯系统和仪器仪表）时，应穿戴相应的劳动防护用品，严格按设备操作手册（规程）进行操作。作业人员应熟悉消毒剂的使用说明，掌握药剂的各类属性以及急救措施。

（6）作业人员应严格控制游离氯与水体的接触时间，不得少于30min，严禁将液氯直接投入水体。

（7）氯气泄漏吸收装置每月应使用手动运行一次，运行时间不少于10min。运行过程中不应出现漏液现象。

（8）氯气泄漏吸收装置使用一年后，应对探测器探头膜片进行检测，当灵敏度过低时应更换新的膜片。

（9）作业人员应每日检查氯气泄漏吸收装置吸收液（碱、氯化亚铁）提升泵、储液箱及管道是否泄漏，电气电路是否正常，并清洁检修。每年测定一次吸收液有效成分浓度，用液碱中和吸收的，氢氧化钠浓度宜在12%以上。

（10）加氯的所有设备、管道必须用防氯气腐蚀的材料。

（11）加氯间电气设备应经常检修，防止因发生电火花、短路、超负荷等原因引起的线路发热导致起火。

7. 次氯酸钠消毒间安全管理要点

（1）消毒间应有完好的防火、防盗措施，配备灭火器材，未经许可非工作人员不得进入，外来参观人员严禁私拿乱放。

（2）消毒间应通风良好，避免阳光直晒及靠近热源。室内配备温湿度仪，温度在15～30℃之间。

（3）消毒间灭火器材、防护和急救器具应摆放在固定的位置，任何人不得随意动用；操作人员应能正确使用各类器材，发现火险隐患及时报告、处置，发生火灾主动扑救，及时报警。

（4）采用次氯酸钠溶液法消毒时，次氯酸钠应储存安全、可靠，储存量宜满足 5 ～ 7 天的用量。

（5）采用高位罐加转子流量计时，高位罐的药液进入转子流量计前，应配装恒压装置，并定期清洗转子流量计的计量管。

（6）次氯酸钠发生器使用过程中严禁冲击、敲打，注意保护阳极涂层。

（7）电解食盐水制备时，冷却水不能中断，冷却水中断会使电解槽温度升高而影响产率，甚至影响电极寿命。

（8）应定期使用稀盐酸清洗次氯酸钠发生器阴极板，保持设备清洁，避免杂质堆积。

（9）电解完毕后，电解槽内的次氯酸钠溶液一定要放空，不能使电极浸泡在溶液中。

（10）电解食盐水制备过程中逸出的氢气应用管道引出室外，定期检查氢气排放系统，对设备发生氢气泄漏的部位应及时处理。使用中性肥皂水或可燃气体报警仪进行漏气检查，禁止使用明火进行漏气检查。

（11）严禁在次氯酸钠溶液工作场所进食、饮水，切忌接触眼睛、皮肤，一旦接触应立即用水冲洗，并就医治疗。

（12）作业人员应穿戴合格的劳保用品上岗作业。严禁在爆炸危险区域穿脱衣服、帽子或类似物。定期测定次氯酸钠的有效氯浓度，作为调节加注量的依据。

8. 送水泵房安全管理要点

（1）作业人员必须认真学习岗位操作规程，了解设备性能及操作中可能出现的事故及原因，掌握预防和处理事故的方法。

（2）泵房应保持室内清洁、无油污，门窗明亮，通风和照明设备齐全，环境卫生状况良好，备件、物品放置整齐。

（3）用于供水的新设备、新管网投产前或者旧设备、旧管网改造后，必须严格进行清洗消毒，经水质检验合格后，方可投入使用。

（4）水泵工况点长期在低效区工作时，应对水泵进行更新或改造，使泵工作在高效区范围内。潜水电泵停机后如需再启动，其间隔时间应在 5min 以上。

（5）水泵在运行过程中，轴承温升不应超过 35℃，滚动轴承内极限温度不应超过 75℃，滑动轴承瓦温度不得超过 70℃。环境温度低于 0℃、水泵不工作时，应关闭阀门，将水泵、管道及其附件内的存水排净。

（6）水泵按使用说明书的要求及时补充轴承内的润滑油或润滑脂，保持油位正常，并定期检测油质变化情况，必要时更换新油。

（7）定期对水泵进行维护保养，可根据运行的技术状态监测数据确定检修项目，也可按周期进行预防性检查，对有问题的零部件进行修理或更换。

（8）应定期检查电动阀门的限位开关、手动与电动的联锁装置。

（9）泵房设备外露部件应做到防腐有效，无锈蚀、不漏油、不漏水、不漏电、不漏气（真空管道），各零部件应完整，设备铭牌标志应清楚。

（10）当泵房突然断电或设备发生重大事故时，应打开事故排放口闸阀，将进水口处闸阀全部关闭，并及时向上级部门报告，不得擅自接通电源或修理设备。

（11）水泵房设备发生异常情况时应立即停机，及时详细记录并上报；电动机在运行中自动跳闸，应及时查明原因，未查明原因前，不应重新启动。

（12）水泵房电气设备应经常检修，防止因发生电火花、短路、超负荷等原因引起的线路发热导致起火。

9. 配电室安全管理要点

（1）管理人员应保持配电装置区域的整洁和通风，定期清除积尘和污垢，物品摆放整齐有序，杂物及无关物品不得存放。

（2）配电室应有完好的防火、防盗措施，配备灭火器材，未经许可非工作人员不得进入，外来参观人员严禁私拿乱放。

（3）配电室灭火器材、防护和急救器具应摆放在固定的位置，任何人不得随意动用；操作人员应能正确使用各类器材，发现火险隐患及时报告、处置，发生火灾主动扑救，及时报警。

（4）运行电力设备发生故障或事故等异常时，运行人员应准确记录，并立即报调度及有关人员。

（5）在进行倒闸操作时，严格执行倒闸操作制度及《电业安全工作规程》（GB 26860—2011）的有关规定，操作前对“分”“合”位置进行检查。

（6）配电装置在运行过程中应进行巡查，巡查情况和发现的问题应记入巡查记录。

（7）电气安全工器具应定期检测，绝缘手套、绝缘靴每半年进行电气试验一次，高压验电笔、绝缘毯、绝缘棒每年进行电气试验一次；每次使用完后应妥善保管，不合格的安全工器具不得存放在工作现场。

（8）电气设备接地线应完好，接地线完好测试每年不应少于两次，出现故障时及时进行维护检修。

（9）电气设备每年应检查、清扫、维修和测试一次；继电保护装置应每年校验一次，在环境潮湿的情况下或湿度较高的季节应根据需求增加巡检次数。

（10）开关柜操作和巡视工作面地面应铺设绝缘胶垫。

（11）电气作业人员应持证上岗，且证件在有效期内。在进行电气作业时，应正确使用电气安全工器具和穿戴劳动防护用品。

（12）电气作业人员应熟悉电气安全操作规程、供电系统和配电室内各种设备的性能和操作方法，在异常情况下应具有采取措施的能力。

（13）发生设备损坏等安全事故，应及时报告、调查和处理，并写出事故分析报告。

9.2 水质检测中心安全管理要点

安全小贴士

本节内容主要参考《农村饮水安全工程水质检测中心建设导则》相关条款内容编制，水质检测中心可作为安全管理参考内容。

1. 药剂室安全管理要点

（1）药剂室应有完好的防火、防盗措施，配备灭火器材，未经许可非实验人员不得进入，外来参观人员严禁私拿乱放。

（2）药剂室应设置在通风良好的房间内，避免阳光直晒及靠近热源，室内配备温湿度仪，温度在15 ~ 30℃之间，湿度小于70%。

（3）凡是药剂室工作人员，都应当熟悉主要化学药剂的性质，尤其是剧毒、易燃、易爆、易挥发和有放射性、有腐蚀性的药剂。

（4）药剂应建立台账，进入药剂室，应当有专人负责接收、登记、建账、入库和保管，使用后的残余量应放回原处。

（5）药剂一律放入药剂柜内，不得与配制的溶液混在一起放置，液体药剂放置矮柜。固体药剂与液体药剂分开放置。

（6）混合或接触后可以产生激烈反应，如燃烧、爆炸、放出有毒气体的化合物不能混放。

（7）腐蚀性试剂应合理存放，禁止磕碰、打击，以防瓶子破裂造成事故。

（8）剧毒物品应存放在单独保险柜中，实行双人双锁储存管理制度，非使用人员不得接触。使用人员须向专人报告，填写领取记录后方能领用。

（9）发现试剂瓶上标签掉落或将要模糊时应立即贴制新标签，无标签或标签无法辨认的试剂都要当成危险品处理，不可随便乱扔，以免引起严重后果。

（10）管理人员要认真负责，保持室内干燥、洁净、通风、避光，试剂排列有序。

（11）管理人员需不定期进行检查，发现问题及时解决，检查应当有记录。对药剂的数量进行抽检清点，清点时如发现与药剂账目不符，要及时向使用人提出，并在记录上做出说明。

2. 理化室安全管理要点

（1）作业人员必须认真学习岗位操作规程，了解设备性能及操作中可能出现的事故及原因，掌握预防和处理事故的方法。

（2）理化室的灭火器材、防护和急救器具应摆放在固定的位置，任何人不得随意动用；操作人员应能正确使用各类器材，发现火险隐患及时报告、处置，发生火灾主动扑救，及时报警。

（3）理化室内非相关操作人员严禁接触任何药品、溶液，不得动用理化室内仪器、设备。

（4）不得用湿手接通仪器、设备电源及开启开关；使用仪器和设备时，应遵守安全用电操作规程。进行有危险的工作要穿好防护工具，谨慎操作，最好有其他人陪伴。

（5）使用强酸和强碱时应带上胶手套作业；如在操作中不小心将强酸或强碱沾在操作台或容器外壁，应立即用抹布擦拭干净，并将抹布用水清洗干净。

（6）装过强腐蚀性、可燃性、有毒或易爆物品的器皿，应由操作者亲自洗净。

（7）产生有毒气体或挥发性酸气的操作，如配制氨水溶液等必须在通风柜内进行。取用腐蚀性药剂时尽可能戴上防护眼镜和手套。

（8）开启易挥发的试剂瓶（如浓盐酸，浓氨水等）时，尤其在夏季或室温较高的情况下，应先经流水冷却后再打开，且不可将瓶口对着自己或他人，以防气液冲出引发事故。

（9）不得把含有大量易燃易爆溶剂的物品放入烘箱或高温电炉加热，需要加热时，只能在水浴或砂浴中进行；存放注意远离明火。

（10）不得用手直接接触药品；不要把鼻孔凑到瓶口闻药品气味；不得尝任何药品的味道；不小心酸或碱溅入眼睛，要立即用水冲洗，不可用手揉眼睛。

（11）禁止用理化室器皿盛装食物，不可用食具、茶杯等装药品，不可将烧杯当茶杯使用。

3. 微生物室安全管理要点

（1）作业人员必须熟悉仪器的性能和操作方法，从事实验活动应当严格遵守国家有关标准和微生物室技术规范、操作规程。

（2）作业人员应熟悉安全设施（如灭火器、灭火毯、紧急洗眼器、急救药箱等）的位置及使用方法；灭火器使用后不可放回原处，使用者应及时报告管理员或办公室进行更换；应熟悉疏散通道和自己所在位置的疏散方向。

（3）应当依照环境保护的有关法律、行政法规和国务院有关部门的规定，对固体废物、废水、废气以及其他废物进行处置，并制定相应的环境保护措施，防止环境污染。

（4）进入微生物室应穿专用工作服，戴口罩、工作帽，进入前应照射紫外线进行消毒。操作完毕后应用消毒液泡手，再用肥皂流水洗手。离室时工作服放在指定的位置，工作服应经常消毒洗涤。

（5）微生物室内应保持清洁、肃静，有秩序，工作台每天在工作后至少用消毒液擦洗一次，每天下班前打开紫外线灯照射。

（6）微生物室内不准存放私人物品。非必要物品不准带入微生物室。微生物室内不准饮食、吸烟或用手摸头、面及其他部位。

（7）高温蒸汽灭菌器需离墙设置，灭菌前和灭菌后的物品应分开存放，灭菌后物品及时张贴标签明确有效期。

（8）若发生吸入菌液、割破手指，传染性标本不慎溅入口、鼻内，标本倾出台面、地面或其他意外事故，应迅速采取适当的消毒措施，并报告主管负责人，进一步采取必要措施。

（9）使用过的培养皿、细菌鉴定板及被细菌污染过的标本容器、物品等都必须先行高压灭菌后，再进行清洗。

（10）未经许可非实验人员不得进入，下班后要检查水、电（电炉）、门窗、冰箱、温箱是否关闭，水、电、气及窗户是否关好，锁好门再离开。

4. 分析仪器室安全管理要点

（1）作业人员必须认真学习岗位操作规程，熟悉仪器的性能和操作方法，了解操作中可能出现的事故及原因，掌握预防和处理事故的方法。

（2）作业人员应熟悉安全设施（如灭火器、灭火毯、紧急洗眼器、急救药箱等）的位置及使用方法；灭火器使用后不可放回原处，使用者应及时报告管理员或办公室进行更换；应熟悉疏散通道和自己所在位置的疏散方向。

（3）仪器设备使用前，首先检查仪器是否清洁卫生、是否有损坏，接通电源后，检查是否运转正常。发现问题及时报告管理员。仪器使用完毕，必须将各使用器件擦洗干净归还原处，盖上防尘罩，关闭电源，打扫完室内清洁，方可离开。

（4）若在操作使用期间出现故障，应及时关闭电源，并向有关管理人员报告，严禁擅自处理、拆卸、调整仪器主要部件。

（5）所有仪器设备的操作手册及技术资料原件一律建档保存，随仪器使用的只能是复印件。

（6）保持仪器清洁，仪器的放置要远离强酸、强碱等腐蚀性物品，远离水源、火源、气源等不安全源，仪器不能随意搬动，更不能借给外单位使用。

（7）各仪器要根据其保养、维护要求，进行及时或定期的干燥处理、充电、维护、校验等，确保仪器正常运转。

（8）分析仪器室严禁吸烟、饮食，不准穿拖鞋、凉鞋，禁止佩戴隐形眼镜。

（9）氯气瓶、乙炔瓶等危险钢瓶必须放在指定地点，采用适当方式进行固定，应经常检查是否漏气，使用时严格遵守钢瓶的操作规程。

（10）不得使用运行状态不正常（待修）的仪器设备进行实验，不得超负荷使用电源和器件（配电箱、插座、插销板、电源线等），不得使用老化或裸露的电线，不得擅自改接电源线。

（11）未经许可非实验人员不得进入，下班后要检查水、电（电炉）、门窗、冰箱、温箱是否关闭，水、电、气及窗户是否关好，锁好门再离开。

参考文献

[1] 宋元宁，郭洋，徐广大 . 自来水公司（厂）液氯瓶库安全要求 [J]. 化工安全与环境 ,2010,9:7-9.

[2] 肖兰志，高金龙，王栋 . 几种常用水处理消毒工艺的对比 [J]. 给水排水 ,2012.

[3] 中华人民共和国交通部 . 汽车运输危险货物规则：JT 617—2004[S]. 北京：人民交通出版社，2005.

[4] 中华人民共和国国家质量监督检验检疫总局，中国国家标准化管理委员会 . 生产经营单位生产安全事故应急预案编制导则：GB/T 29639—2013[S]. 北京：中国标准出版社，2013.

[5] 中华人民共和国国家质量监督检验检疫总局，中国国家标准化管理委员会 . 安全标志及其使用导则：GB 2894—2008[S]. 北京：中国标准出版社，2009.

[6] 中华人民共和国国家质量监督检验检疫总局，中国国家标准化管理委员会 . 化学品安全标签编写规定：GB 15258—2009[S]. 北京：中国标准出版社，2009.

[7] 中华人民共和国国家质量监督检验检疫总局，中国国家标准化管理委员会 . 化学品分类和危险性象形图标识 通则：GB/T 24774—2009[S]. 北京：中国标准出版社，2009.

[8] 国家技术监督局．常见化学品危险品贮存通则：GB 15603—1995[S]. 北京：中国标准出版社，1997.

[9] 中华人民共和国住房和城乡建设部．城镇供水厂运行、维护及安全技术规程：CJJ 58—2009[S]. 北京：中国建筑工业出版社，2010.

[10] 中华人民共和国水利部．村镇供水工程运行管理规程：SL 689—2013[S]. 北京：中国水利水电出版社，2013.

[11] 中华人民共和国国家质量监督检验检疫总局，中国国家标准化管理委员会．电力安全工作规程 发电厂和变电站电气部分：GB 26860—2011[S]. 北京：中国标准出版社，2011.

[12] 国家安全生产监督管理总局．液氯使用安全技术要求：AQ 3014—2008[S]. 北京：煤炭工业出版社，2009.

[13] 中华人民共和国国家质量监督检验检疫总局，中国国家标准化管理委员会．危险货物包装标志：GB 190—2009[S]. 北京：中国标准出版社，2009.